○ スラスラ読める ○

ふりがな
[FURI] [GANA]
プログラミング

安原祐二・監修／リブロワークス・著

インプレス

監修者プロフィール

安原 祐二　やすはら・ゆうじ

東北大学工学部機械知能工学科修士課程を修了後、株式会社セガ・エンタープライゼスに入社。家庭用ゲーム開発に携わる。その後株式会社ポリフォニー・デジタルにてシューティングゲームやレースゲームの開発に従事。2015年より現職のUnity Technologies Japan合同会社に参加。好きな言葉は"実装"。

著者プロフィール

リブロワークス

書籍の企画、編集、デザインを手がけるプロダクション。手がける書籍はスマートフォン、Webサービス、プログラミング、WebデザインなどIT系を中心に幅広い。最近の著書は『スライド図解 これ1冊でマスターできる！ネットワークのしくみと動きがわかる本』(ソシム社) など。Unity関連では『UnityではじめるC#基礎編』『Unityの寺子屋 定番スマホゲーム開発入門』(MdN、大槻有一郎名義、共著) がある。
http://www.libroworks.co.jp/

本書はUnityとC#について、2018年12月時点での情報を掲載しています。
本文内の製品名およびサービス名は、一般に各開発メーカーおよびサービス提供元の登録商標または商標です。
なお、本文中にはTMおよびRマークは明記していません。

はじめに

　次の漢字の列は、孔子の言行を記録したとされる「論語」からの引用です。

学 而 時 習 之　　不 亦 説 乎

　意味は「学んだことを折にふれて実践することは、なんて喜ばしいことだろう」となるそうです。いまから2500年も前に、学ぶことそのものに価値があることを説いているのは、素晴らしいことだと感じます。

　本書を手に取られた方も、これからUnityおよびC#の学習を始めようと、きっと期待に胸を膨らませていることでしょう。もしかしたら期待よりも不安の方が大きいかもしれませんね。プログラミングは難しいといわれますし、実際に苦手とする方もたくさんいらっしゃいます。では、次の漢字を読んでみてください。

学 而 時 習 之　　不 亦 説 乎
(まなビテ ときニ ならフ これヲ レ　　ず また よろこバシカラ ニ ー や)

　いかがでしょうか、先ほどと同じ漢字です。やっぱり難しいとは思いますけど、ずいぶん理解しやすくなっていますよね。漢文を日本に輸入するにあたり、原文そのままに読みを加える漢文訓読。これを発明したのがどなたかは存じ上げませんが、見事な工夫だと思います。こうして発音できることで、とても頭に入りやすくなりますね。なおかつ、原文が伝えるイメージも残されています。

　本書における、プログラムにふりがなを振るという大胆かつ周到な試みは、この漢文訓読に近いものだと感じています。まず、音読できること。それを可能にすることで、その単語を脳内に一定時間とどめることができるのです。

　一般的に、UnityやC#に限らずどんなことでも、習得するための始まりは困難なものです。皆さんにおかれましてはぜひ、その困難を記憶しておいてくださいませ。本書で学習を始める方は、いずれ必ず初学者から脱することでしょう。そのとき、自分にとってこの本のどこが良かったのか、または悪かったのか。きっと後進に伝える機会があるはずです。そうして次の初学者にとっての道しるべになっていただければ、こんなに嬉しいことはありません。

2018年11月　安原 祐二

CONTENTS

監修者・著者紹介 ……………………………………………………… 002
はじめに ………………………………………………………………… 003

Chapter 1
Unity C#最初の一歩 …………………………… 009

| 01 | UnityとC#ってどんなもの？ …………………………………… 010
| 02 | 本書の読み進め方 ……………………………………………… 012
| 03 | UnityとVisual Studioをインストールする ……………………… 014
| 04 | 最初のスクリプトを入力する …………………………………… 022
| 05 | スクリプトの構造を見てみよう ………………………………… 032
| 06 | 演算子を使って計算する ………………………………………… 034
| 07 | 長い数式を入力する ……………………………………………… 038
| 08 | 変数を使って計算する …………………………………………… 044
| 09 | 変数の命名ルールとスペースの入れどころ …………………… 048
| 10 | データの入力を受け付ける ……………………………………… 052
| 11 | 組み込み型と型の決まりごとを覚える ………………………… 056
| 12 | メソッドとオブジェクト ………………………………………… 058
| 13 | エラーメッセージを読み解こう① ……………………………… 062
| 14 | 復習ドリル ………………………………………………………… 066

Chapter 2

条件によって分かれる文を学ぼう —— 067

01	条件分岐ってどんなもの？	068
02	Chapter 2 のためのゲームオブジェクトを追加する	070
03	比較演算子で大小を判定する	072
04	20歳未満だったらメッセージを表示する	076
05	20歳未満「ではない」ときにメッセージを表示する	080
06	3段階以上に分岐させる	084
07	複数の比較式を組み合わせる	088
08	エラーメッセージを読み解こう②	092
09	復習ドリル	094

Chapter 3

繰り返し文を学ぼう —— 097

01	繰り返し文ってどんなもの？	098
02	条件式を使って繰り返す	100
03	仕事を5回繰り返す	104
04	5〜1へ逆順で繰り返す	108

05	繰り返し文を2つ組み合わせて九九の表を作る	110
06	配列に複数のデータを記憶する	114
07	配列の内容を繰り返し文を使って表示する	118
08	総当たり戦の表を作ろう	120
09	エラーメッセージを読み解こう③	124
10	復習ドリル	126

Chapter 4

ゲームオブジェクトを動かそう —— 129

01	ゲームオブジェクト、コンポーネント、クラス	130
02	スマートフォン向けの画面にする	134
03	ゲームで使用する画像を用意する	136
04	プレイヤーキャラクターを左右に動かす	138
05	野菜を下に落とす	148
06	4種類の野菜のプレハブを作る	152
07	画面をクリックしたときに野菜を落とす	160
08	エラーメッセージを読み解こう④	166

Chapter 5
ゲームを仕上げよう — 169

01	ゲームに欠かせない要素とは？	170
02	ゴールの箱と得点のテキストを配置する	172
03	衝突判定を追加して数を増やす	180
04	壁を規則正しく配置する	192
05	壁を回転させる	198
06	画面から飛び出したオブジェクトを消す	204
07	スクリプトリファレンスの読み方	208

あとがき — 212
索引 — 213
サンプルファイル案内・スタッフ紹介 — 215

スクリプトの読み方

本書では、スクリプト（ソースコード）に日本語の意味を表す「ふりがな」を振り、さらに文章として読める「読み下し文」を付けています。ふりがなを振る理由については12ページをお読みください。また、サンプルファイルのダウンロードについては215ページで案内しています。

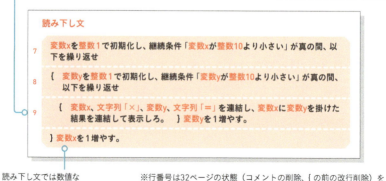

サンプルファイルのファイル名です

半角スペースを入れないとエラーになる場合はこの記号で示します

スペース記号がない部分はふりがなを振りやすくするための空きなので、空けなくてもかまいません

行番号（文番号）でスクリプトと読み下し文の対応を示します

直前のサンプルから変更する部分は黄色のマーカーで示します

1行で入りきらない文は折り返しマークで示します。入力時は折り返さなくてもかまいません

読み下し文

7　変数xを整数1で初期化し、継続条件「変数xが整数10より小さい」が真の間、以下を繰り返せ

8　{ 変数yを整数1で初期化し、継続条件「変数yが整数10より小さい」が真の間、以下を繰り返せ

9　{ 変数x、文字列「×」、変数y、文字列「＝」を連結し、変数xに変数yを掛けた結果を連結して表示しろ。 } 変数yを1増やす。

} 変数xを1増やす。

読み下し文では数値などを赤字で示します

※行番号は32ページの状態（コメントの削除、{ の前の改行削除）を基準に振っています。

Unity C#
FURIGANA PROGRAMMING

Chapter 1

Unity C#
最初の一歩

NO 01 UnityとC#ってどんなもの？

先輩！　わたしゲーム作ることにしたんですよ、Unityで

お、ゲームエンジンのUnityだね。C#を覚えないとね

エンジン？　シャープ？　作りたいのはゲームですよ？

Unityはゲームエンジン

Unity（ユニティ）はゲームエンジンと呼ばれるソフトウェアの一種です。ゲームエンジンというのは、ゲームに必要なプログラムの部品を集めたもので、それらを組み合わせて自分のゲームを作っていきます。ゼロからすべてを作るよりも、はるかに効率よくゲームが作れるわけです。

Unityには「使いやすい開発環境」「パソコンから各種スマートフォンまでマルチプラットフォーム対応」「ゲームの部品を手軽に入手できるアセットストア」といった特徴があり、プログラミングがはじめての人でも使いやすいと人気です。Unityの開発環境「Unityエディタ」はリアルタイムで3Dグラフィックスを操作できる強力なもので、最近流行のバーチャルYouTuberやテレビなどのアニメーション作成にも使われています。

ゲームエンジンが提供する部品（コンポーネント）
- キーボードやタッチパネルからの入力処理
- 2D／3Dグラフィックス描画　物理演算　衝突判定
- ゲームに出現するキャラクターの管理
- アニメーション　画面遷移　UI部品

開発環境（Unityエディタ）

アセットストア

これらを組み合わせてゲームを作っていくよ

Unityのプログラムは C# で書く

Unityには<u>コンポーネント</u>と呼ばれる「ゲームに必要なプログラムの部品」が大量に用意されており、Unityエディタ上でコンポーネントを設定するだけで、「キーボードやタッチパネルからの入力処理」「２Ｄ／３Ｄグラフィックスの描画」「キャラクターの衝突判定」などを行えます。ただし、「あるキーを押したら何が起きるのか」「キャラクターが衝突したときに何が起きるのか」といった<u>ゲーム固有の処理は、自分でプログラムを書かなければいけません</u>。そのために使われるのが<u>C#（シーシャープ）</u>というプログラミング言語です。

C#は、マイクロソフト社がWindowsアプリケーションを開発するために設計したプログラミング言語ですが、現在ではUnityの他、Xamarin（ザマリン）を利用したスマートフォンアプリの開発にも使われています。本書ではこのC#のマスターを目標に解説していきます。

Unityのバージョンと C# のバージョン

Windowsでは.NET Framework（ドットネットフレームワーク）という環境上でC#のプログラムを動かしますが、Unityでは.NET Frameworkの互換ソフトウェアのMono（モノ）を利用しています。Unityのバージョン2018.2までは.NET Framework 3.x相当のMonoが標準だったため、利用できるのはC#のバージョン3でした。バージョン2018.3から.NET Framework 4.x相当のMonoが標準となり、C#のバージョン7が利用できるようになっています。本書はUnity 2018.3で解説しています（ただし本書の解説範囲内ではC#7の機能は利用しません）。

NO 02　本書の読み進め方

プログラムにふりがなが振ってあると簡単そうに見えますね。でも、本当に覚えやすくなるんですか？

身もフタもないことを聞くね……。ちゃんと理由があるんだよ

繰り返し「意味」を目にすることで脳を訓練する

　プログラミング言語で書かれたプログラムは、英語と数字と記号の組み合わせです。知らない人が見ると意味不明ですが、プログラマーが見ると<u>「それが何を意味していてどう動くのか」</u>すぐに理解できます。とはいえ最初から読めたわけではありません。プログラムを読んで入力して動かし、エラーが出たら直して動かして……を繰り返して、脳を訓練した期間があります。

　逆にいうと、初学者が挫折する大きな原因の1つは、<u>十分な訓練期間をスキップして短時間で理屈だけを覚えようとする</u>からです。そこで本書では、プログラムの上に「意味」を表す日本語のふりがなを入れました。例えば「=」の上には必ず「入れろ」というふりがながあります。これを繰り返し目にすることで、「=」は「変数に入れる」という意味だと頭に覚え込ませます。

```
変数answer  入れろ  整数10
answer = 10;
```

プログラムは英語に似ている部分もありますが、人間向けの文章ではないので、ふりがなを振っただけでは意味が通じる文になりません。そこで、足りない部分を補った読み下し文もあわせて掲載しました。

読み下し文

> 整数10を変数answerに入れろ。

プログラムを見ただけでふりがなが思い浮び、読み下し文もイメージできれば、「プログラムを読めるようになった」といえます。

実践で理解を確かなものにする

プログラムを読めるようになるのは第一段階です。最終的な目標はプログラムを作れるようになること。実際にプログラムを入力して何が起きるのかを目にし、自分の体験として感じましょう。本書のサンプルプログラムはどれも短いものばかりですから、すべて入力してみてください。

プログラムは1文字間違えてもエラーになることがありますが、それも大事な経験です。何をするとエラーになるのか、自分が起こしやすいミスは何なのかを知ることができます。とはいえ、最初はエラーメッセージを見ると焦ってしまうはずです。そこで、各章の最後に「エラーメッセージを読み解こう」という節を用意しました。その章のサンプルプログラムを入力したときに起こしがちなエラーをふりがな付きで説明しています。つまずいたときはそこも読んでみてください。

また、章末には「復習ドリル」を用意しました。その章のサンプルプログラムを少しだけ変えた問題を出しているので、ぜひ挑戦してみましょう。

> スポーツでも、本を読むだけじゃ上達しないのと同じですね。実際にやってみないと

> そうそう。脳も筋肉と同じで、繰り返しの訓練が大事なんだよね

UnityとVisual Studioをインストールする

NO 03

まずはUnityとVisual Studioをインストールしよう

あれ？　Unity以外にも必要なものがあるんですか？

Unityと一緒にインストールされるプログラム開発環境のことだよ。C#のプログラムはVisual Studioで入力するんだ

Unityのインストーラーをダウンロードする

UnityにはWindows版とmacOS版があります。本書ではWindows版を中心に解説しますが、macOS版でも操作方法はほとんど変わりません。ただし、WindowsとmacOSのどちらでもゲーム開発はできますが、iOS向けのゲームを公開する段階ではmacOSが必要になります。

それでは、Unityの公式サイト（https://unity3d.com/jp/get-unity/download）からUnity Hub（ユニティハブ）をダウンロードしましょう。Unity HubはUnity本体をインストールするためのツールで、複数バージョンを管理できます。

❶ ブラウザで公式サイトを表示
❷ ［Unity Hubをダウンロード］をクリック

Windows版のUnity Hubをインストールする

　公式サイトからダウンロードしたインストーラーのファイルをダブルクリックしてインストールを開始しましょう。

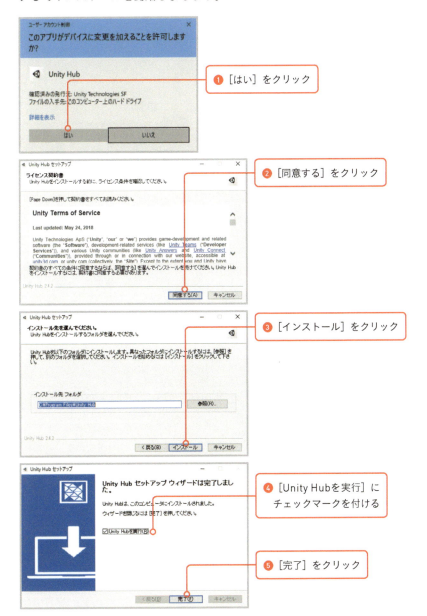

❶ [はい] をクリック

❷ [同意する] をクリック

❸ [インストール] をクリック

❹ [Unity Hubを実行] にチェックマークを付ける

❺ [完了] をクリック

macOS版のUnity Hubをインストールする

続いてmacOS版のインストール方法を解説します。ダウンロードまでの手順はWindows版と変わりません。ダウンロードしたファイルをダブルクリックしてインストールを開始します。

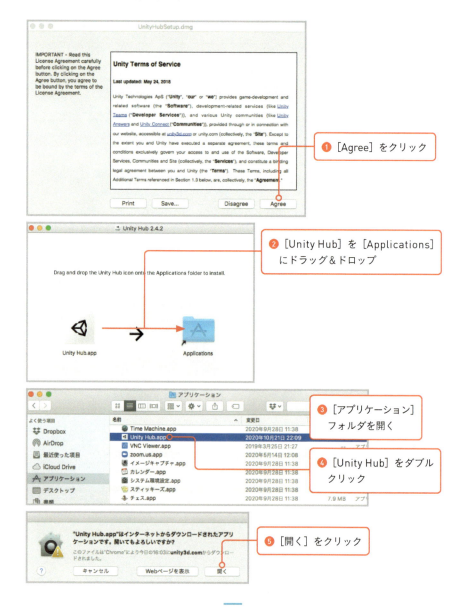

Unity IDを取得する

ここからはWindowsとmacOS共通の手順です。Unity Hubを起動すると、過去に一度もUnityをインストールしていない場合はUnity IDの取得画面が表示されます。その取得後にUnityのインストール画面が表示されます。

登録手続きを行うとUnityからメールが届くので、リンクをクリックして登録を完了してください。

Unityをインストールする

　本書ではバージョン2018.xを基準に解説します。同じバージョンをおすすめしますが、少し新しいバージョンでも基本操作はそう変わらないはずです。

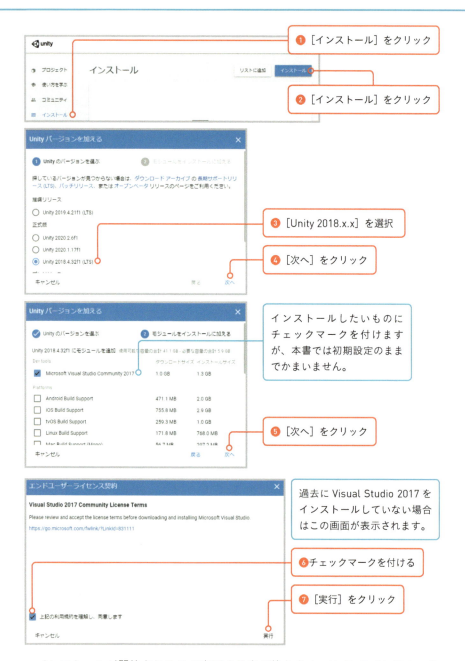

インストールが開始されるので完了するまで待ちます。Unityのインストール途中でVisual Studioのインストール画面が表示されますが、そのまま待機していれば大丈夫です。

Unityを起動する

インストールが完了すると、Windowsの[スタート]メニューやmacOSのLaunchpadからUnityを起動できるようになります。最初に起動したときに表示される「ホーム画面」でUnity IDを入力しましょう。

Windows版はスタートメニューから起動します。

macOS版はLaunchpadから起動します。

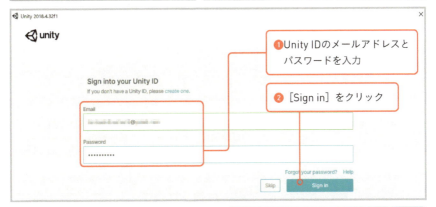

❶ Unity IDのメールアドレスとパスワードを入力

❷ [Sign in]をクリック

23ページのホーム画面が表示されます。

Visual Studioがうまくインストールできないときは

Visual StudioはUnityと一緒に自動的にインストールされますが、環境によってインストール中にエラーが発生したり、うまく起動できなかったりすることがあります。その場合はVisual Studioの公式サイトからUnityと別にインストールしてください。

- **Windows版**：https://visualstudio.microsoft.com/ja/downloads/
- **macOS版**：https://visualstudio.microsoft.com/ja/vs/mac/

NO 04 最初のスクリプトを入力する

UnityではC#のプログラムのことを「スクリプト」って呼ぶんだ。だからここから先はスクリプトって呼ぼう

スクリプト……。英語で「台本」って意味ですよね

そう、ゲームの台本ってことだね。まずは簡単なスクリプトを入力して動かすところまでやってみよう

Unityでスクリプトを入力する流れ

Unityでは簡単なスクリプトでもいきなり入力することはできません。まず「プロジェクト」を作成し、プロジェクト内の「シーン」に「ゲームオブジェクト」を追加します。さらにゲームオブジェクトにスクリプトの「コンポーネント」を追加すると、ようやくスクリプトを入力できます。

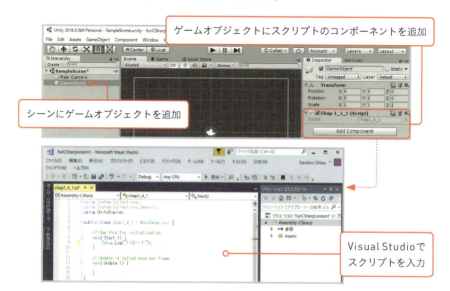

プロジェクトを作成する

まずはプロジェクトを作成しましょう。プロジェクトとは、<u>1つのゲームの開発に必要なファイルをまとめたもの</u>です。必要なファイルには、Unityの各種設定ファイルやスクリプトファイルの他に、画像ファイルや音楽ファイルなどがあります。

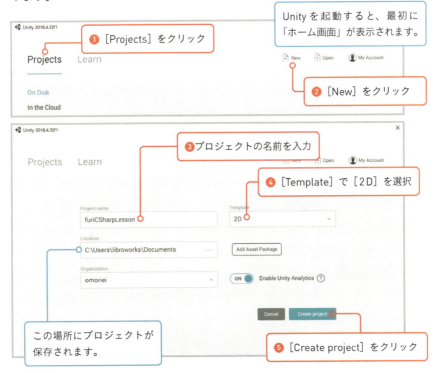

❶ [Projects] をクリック

Unityを起動すると、最初に「ホーム画面」が表示されます。

❷ [New] をクリック

❸ プロジェクトの名前を入力

❹ [Template] で [2D] を選択

この場所にプロジェクトが保存されます。

❺ [Create project] をクリック

「2D」って二次元のことですよね。3Dゲームも作ってみたいんですけど……

今回は2Dでやってみよう。3Dだと、スクリプトの書き方以外にも覚えないといけないことが増えるからね

なるほど、順番に覚えていくことにしますか

シーンにゲームオブジェクトを追加する

　プロジェクトが作成されるとUnityエディタの画面が表示されます。徐々に説明していきますが、主に左側の[Hierarchy](ヒエラルキー)ウィンドウで設定する対象を選び、右側の[Inspector](インスペクター)ウィンドウで設定を行います。

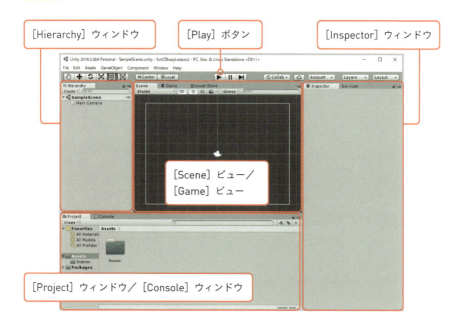

　続いて[Hierarchy]ウィンドウを利用して「シーン」に「ゲームオブジェクト」を追加しましょう。シーンとはゲームの画面のことです。プロジェクト作成段階で「SampleScene」というシーンがあるので、そのまま使います。ゲームオブジェクトはシーン上に出現する何かです。わかりやすい例でいえば、ゲームのキャラクターですね。初期状態で「Main Camera」というカメラの位置を表すゲームオブジェクトも配置されています。

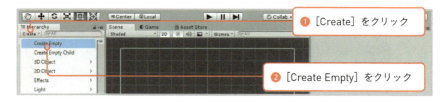

GameObjectが追加されます。

　[Hierarchy] ウィンドウで [GameObject] をクリックして選択してみましょう。右の [Inspector] ウィンドウに情報が表示されます。

❶ [GameObject] をクリック

GameObjectの情報が表示されます。

Hierarchyは「階層」という意味で、シーン上に配置されたものを階層構造で表している。今は「SampleScene」の下に「Main Camera」と「GameObject」があるわけだね

ゲームオブジェクトはゲームのキャラクターなんですよね？　でもシーン上に何も出てきませんね？

［Create Empty］を選択すると、コンポーネントをまったく持たない空のゲームオブジェクトが作られるんだ。画面に表示する機能すらないから見えないんだよ

ゲームオブジェクトにスクリプトのコンポーネントを追加する

　ゲームオブジェクトに、C#スクリプトのコンポーネントを追加します。コンポーネント（Component）とは「構成部品」という意味で、ゲームオブジェクトに追加する機能のことです。Chapter 4まで使いませんが、「画像を表示する

コンポーネント」や「衝突判定のためのコンポーネント」などいろいろなものがあります。ここでは「C#スクリプトのコンポーネント」を追加します。

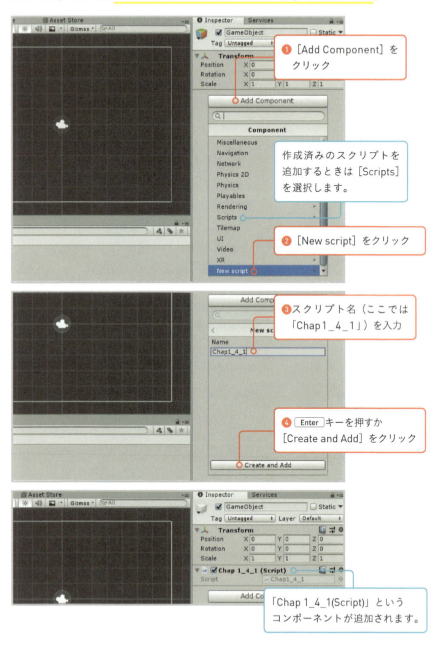

ここで画面下部にある［Project］ウィンドウを見てください。ここにはプロジェクト内にあるファイルが表示されます。「Chap1_4_1」という名前のC#アイコンが追加されていますね。［Inspector］ウィンドウの操作で新しいスクリプトのファイルが作成されたからです。

［Project］ウィンドウにもC#アイコンが表示されています。

［Inspector］ウィンドウでは先頭が大文字で、単語の区切りにスペースが入って「Chap 1_4_1」と表示されるけど、本当の名前は「Chap1_4_1」なので惑わされないでね

スクリプトを編集する

　スクリプトを編集してみましょう。コンポーネントの右にある歯車アイコンから［Edit Script］を選択してください。［Project］ウィンドウのC#アイコンをダブルクリックしても開けるので、慣れてきたら自分が好きな方法で開いてかまいません。

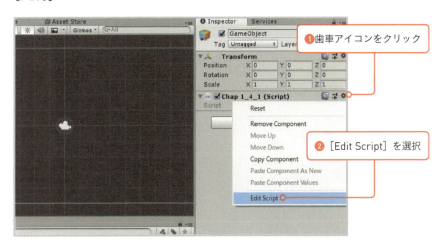

❶歯車アイコンをクリック
❷［Edit Script］を選択

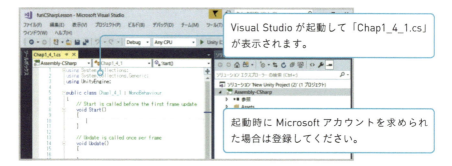

Visual Studio が起動して「Chap1_4_1.cs」が表示されます。

起動時に Microsoft アカウントを求められた場合は登録してください。

Visual Studioに表示された「Chap1_4_1.cs」には、すでに次のようなスクリプトが入力されています。「.cs」はファイルの種類を表す拡張子（かくちょうし）です。「C Sharp」なので「cs」なのですね。

■Chap1_4_1.cs（変更前）

```
1   using System.Collections;
2   using System.Collections.Generic;
3   using UnityEngine;
4   
5   public class Chap1_4_1 : MonoBehaviour {
6   
7     // Start is called before the first frame update
8     void Start () {
9   
10    }
11  
12    // Update is called once per frame
13    void Update () {
14  
15    }
16  }
```

※実際の画面では「{」の前で改行されています。「{」の前の改行はあってもなくても動作に影響はありませんが、本書では行数を減らすために「改行なし」にしています。

入力済みの部分の意味は少しあとで説明するので、「void Start(){」と「}」の間にカーソルを移動して、次の1行を入力してください。「ハロー！」以外は、すべて半角英数字で入力しましょう。

■ Chap1_4_1.cs

<small>デバッグ機能　表示しろ　　文字列「ハロー！」</small>

```
Debug.Log( "ハロー！" );
```

Debug.Logは「［Console］ウィンドウに表示する」働きを持つメソッドです。メソッドについてはこれから少しずつ説明していきますが、簡単にいえばUnityに対する命令のことです。

「何を」という目的語に当たるものを、Debug.Logのあとのカッコ内に書きます。ここでは「ハロー！」という文字全体を「"（ダブルクォート）」で囲んでいます。この記号は、囲んでいる文字が「ハロー！」という命令ではなく、ただの文字だと区別するためのものです。この「"」で囲まれた「ただの文字」の部分のことを、プログラミングでは「文字列」と呼びます。

この行の意味は、以下のようになります。英文法と同じように述語と目的語が入れ替わります。

読み下し文

文字列「ハロー！」を表示しろ。

ふりがなの「デバッグ機能」はどこにいっちゃったんですか？　というかデバッグ機能って何ですか？

デバッグというのは、スクリプトの開発中にバグ（エラー）を取ることだよ。「Debug.Log」はデバッグを目的として、開発中に情報を表示する命令なんだ

じゃあ、最後の「;（セミコロン）」は何ですか？

それは文の終わりを表す記号で、日本語の「。」みたいなものだよ

スクリプトを実行しよう

スクリプトを入力したら Ctrl + S キーを押して上書き保存し、Unityエディタに切り替えてください。中央上の [Play] ボタンをクリックすると、ゲームが実行されます。これから何度も繰り返し実行する操作です。

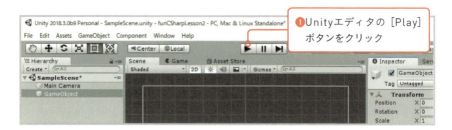

❶ Unityエディタの [Play] ボタンをクリック

Debug.Logメソッドで実行した結果は、[Console] ウィンドウに表示されます。初期状態では [Project] ウィンドウの後ろに隠れているので、[Console] タブをクリックして切り替えます。

❷ [Console] タブをクリック

「ハロー！」と表示されています。

「『ハロー！』と表示しろ」って書いたら、ハロー！と表示されました。って当たり前ですよね

実はそこが重要なんだ。コンピューターは指示したことしかやらない。だから、何をどの順番で処理するかを全部人間が指示してあげないといけないんだよ

結果を確認したら、もう一度 [Play] ボタンをクリックしてゲームの実行を止めてください。Unityエディタはゲームの実行中も [Inspector] ウィンドウなどで設定変更ができるのですが、これは一時的なものなのでゲームの実行を中止すると、実行前の状態まで戻ってしまいます。

❶ [Play] ボタンをクリック

ゲームの実行が終了します。

「さっきコンポーネントを追加したはずなのになくなってる！」ってときは、たいていゲームを終了するのを忘れて追加してるから気を付けてね

確かに忘れそう……。ゲームの実行中は画面がほんの少し暗くなってるから、それが目印ですね

プロジェクトを開くには

Unityエディタをいったん終了したあとで、プロジェクトの編集を再開したい場合は、起動時のホーム画面で [Open] をクリックします。なお、終了時にシーンの保存を求められた場合は保存してください。

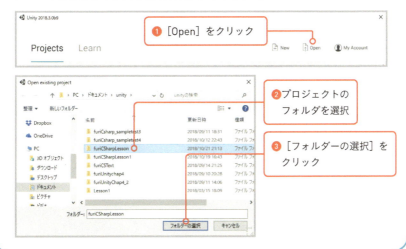

❶ [Open] をクリック

❷ プロジェクトのフォルダを選択

❸ [フォルダーの選択] をクリック

NO. 05 スクリプトの構造を見てみよう

さっき飛ばした「入力済みの部分」について説明しよう

入力済みの部分には何が書かれているの？

Chap1_4_1.csをふりがな付きで見てみましょう。空白行と先頭が//（スラッシュ2個）の行は結果に影響しないので削除しています。

■ Chap1_4_1.cs

```
1  using System.Collections;
      使用する   System名前空間  Collections名前空間

2  using System.Collections.Generic;
      使用する   System名前空間  Collections名前空間  Generic名前空間

3  using UnityEngine;
      使用する   UnityEngine名前空間

4

5  public class Chap1_4_1 : MonoBehaviour {
      パブリック設定 クラス作成 Chap1_4_1という名前 継承 MonoBehaviourクラス

6      void Start () {
          戻り値なし Startという名前 引数なし

7          Debug.Log ("ハロー！");
              デバッグ機能  表示しろ    文字列「ハロー！」

       }
       ブロック終了

8      void Update () {
          戻り値なし Updateという名前 引数なし
```

ブロック終了
```
    }
```
ブロック終了
```
}
```

スクリプトの先頭3行は<u>using（ユージング）ディレクティブ</u>というもので、名前空間（name space）を省略して書けるようにします。Debug.Logメソッドなら「UnityEngine.Debug.Log」が正式な名前ですが毎回書くには長すぎるので、スクリプトの前のほうに<u>「using UnityEngine」と書いておけば、それ以降「UnityEngine.」を省略していい</u>ことになっているのです。

クラスのブロック内にメソッドのブロックがある

5行目以降を見てみましょう。いくつか{}（波カッコ）がありますね。この<u>波カッコで囲まれた範囲をブロック</u>といい、スクリプトの一部を区分ける働きがあります。この例ではブロックが入れ子になっており、「Chap1_4_1クラス」というもののブロック内に、「Startメソッド」のブロックと「Updateメソッド」のブロックが入っています。

```
public class Chap1_4_1 : MonoBehaviour {        ← Chap1_4_1クラスのブロック
    void Start () {
        Debug.Log ("ハロー！");                  ← Startメソッドのブロック
    }
    void Update () {
                                                 ← Updateメソッドのブロック
    }
}
```

これらについて詳しく説明するのはまだ早いので、Chapter 4まで残しておきます。今理解してほしいのは、Chap1_4_1クラスの中のStartメソッドは、ゲームの実行中、<u>ゲームオブジェクトが出現したときに実行される</u>ということです。

ところで削除した「//」の行は何なんですか？

//（スラッシュ2個）から行末までは「コメント文」といって、スクリプトを読む人間のためのメモ書きなんだ。だから削除してもスクリプトの結果には影響しないんだよ

NO 06　演算子を使って計算する

C#では「式」を使って四則計算ができるんだ。「演算子（えんざんし）」の使いこなしが重要になるよ

「式」はわかりますけど、「エンザンシ」って言葉がもう難しそうですね……

大丈夫。算数で勉強した紙に書いた式と基本的に変わりない。演算子は「+」や「-」などの記号だよ

演算子と数値を組み合わせて「式」を書く

　スクリプトで計算するには数学の授業で習うものに似た「式」を書きます。算数の四則計算では「+」「-」「×」「÷」などの記号を用いて式を書きますが、C#でこれらの記号に当たるものが「演算子」です。どの演算子を使うかによって、組み合わせる値同士をどのように計算するかが決まります。

　演算子もメソッドと同様に「命令」なので、「+」であれば「足した結果を出せ」と読み下すことができます。

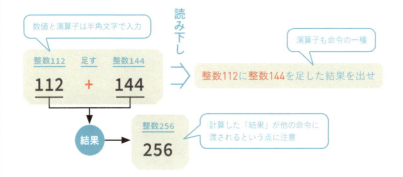

演算子を使えば、基本的な四則演算の他に、割り算の「余り」などを求められます。「+」や「-」は紙に書く式の記号と同じですが、掛け算や割り算の演算子は別の記号に置き換えられています。

新しいスクリプトを追加する

　実際に式を書いて、その計算結果を求めてみましょう。そのために新しいChap1_6_1.csというスクリプトを追加します。[Inspector]ウィンドウの[Add Component]をクリックして追加してください。

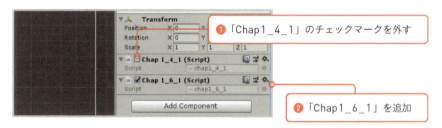

❶「Chap1_4_1」のチェックマークを外す
❷「Chap1_6_1」を追加

実行したいスクリプト以外はチェックマークを外しておこう。そうしないと複数のスクリプトが同時に実行されてわけがわからなくなってしまうよ

足し算と引き算

　計算してその結果を表示するには、<u>Debug.Logメソッドの目的語としてカッコの中に式を書きます</u>。以下の文をStartメソッドのブロック内に書いてみましょう。文字列ではないので、数値や式を書く際は「"」で囲まないでください。

■ Chap1_6_1.cs

```
                デバッグ機能  表示しろ   整数10 足す 整数5
7   Debug.Log( 10 + 5 );
                デバッグ機能  表示しろ   整数10 引く 整数5
8   Debug.Log( 10 - 5 );
```

　これを読み下す場合、まずはカッコの中の式を優先します。先ほど演算子も命

令の一種だと説明しましたが、このように命令（Debug.Logメソッド）の中に別の命令（演算子）を書く、<u>命令の入れ子のような書き方</u>がプログラミングではよく出てきます。

読み下し文

7 <u>整数10</u>に<u>整数5</u>を足した結果を表示しろ。

8 <u>整数10</u>から<u>整数5</u>を引いた結果を表示しろ。

　［Play］ボタンをクリックしてゲームを実行してみましょう。例文のように複数行のスクリプトを書いた場合、上の行から順に実行された結果が表示されます。

掛け算と割り算

　掛け算では「*（アスタリスク）」、割り算では「/（スラッシュ）」を用います。なお、割り算で数値の「0」で他の数値を割ろうとするとエラーになる点に注意してください。足し算や引き算と同様に、カッコ内の計算結果が求められてから、Debug.Logによる「表示しろ」という命令が実行されます。

■ Chap1_6_2.cs

```
デバッグ機能   表示しろ   整数10 掛ける 整数5
7  Debug.Log( 10 * 5 );
   デバッグ機能   表示しろ   整数10 割る 整数5
8  Debug.Log( 10 / 5 );
```

読み下し文

7 <u>整数10</u>に<u>整数5</u>を掛けた結果を表示しろ。

8 <u>整数10</u>を<u>整数5</u>で割った結果を表示しろ。

主な計算用演算子一覧

演算子	読み方	例
+	左辺に右辺を足した結果を出せ	2 + 3
-	左辺から右辺を引いた結果を出せ	7 - 4
*	左辺に右辺を掛けた結果を出せ	6 * 2
/	左辺を右辺で割った結果を出せ	10 / 5
%	左辺を右辺で割った余りを出せ	23 % 9

※左辺は演算子の左側にあるもの、右辺は右側にあるものを指す

整数と実数

　C#の数値にはいくつか種類があります（56ページ参照）。代表的なものは整数と実数です。整数は小数点以下のない「-900」「0」「4000」のような数字で、実数は小数点を含む数値です。小数点を含まずにそのまま書いた場合は整数になり、「.（ピリオド）」を入れて「0.5」のように書くと実数になります。

■Chap1_6_3.cs

デバッグ機能　表示しろ　整数2 足す　実数0.5

7 `Debug.Log( 2 + 0.5 );`

読み下し文

7　整数2に実数0.5を足した結果を表示しろ。

NO 07 長い数式を入力する

スクリプトでは1つの式に演算子が複数含まれるような複雑な計算もできるよ

算数では掛け算と割り算が先、足し算、引き算があとになると習いましたけど?

そう！ C#の式も基本的にその原則どおりの順番で計算が実行されるんだ

長い式では計算する順番を意識する

　演算子を複数組み合わせれば、1行で複雑な計算ができる長い式を書くことができます。その際に注意が必要なのが演算子の優先順位です。演算子の<u>優先順位が同じなら左から右へ出現順で計算</u>されますが、順位が異なる場合は<u>順位が高いものから先に計算</u>します。例えば「*」(掛け算) は、「+」(足し算) や「-」(引き算) より優先順位が高いので、先に計算します。

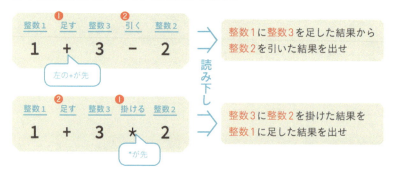

　C#の演算子の優先順位を右ページの表にまとめました。読み下し方が変わってくるので、本書では複数の演算子が出現するわかりにくい式に限って、<u>ふりがな部分に丸数字で優先順位を示します</u>。

演算子の優先順位一覧

演算子の カテゴリ	演算子	説明
1次式	x.y、f(x)、a[x]、x++、x--、new、typeof、checked、unchecked、default(T)、delegate、sizeof、->	優先順位が最も高い。メンバーアクセス、メソッド呼び出しなどがある
単項	+x、-x、!x、~x、++x、--x、(T)x、await、&x、*x	値の左に付く演算子。正負、型変換などがある
乗法	x * y、x / y、x % y	掛け算、割り算、剰余
加法	x + y、x - y	足し算、引き算
シフト	x << y、x >> y	ビットをずらす
関係式と型検査	x < y、x > y、x <= y、x >= y、is、as	条件式と検査に使用する
等価比較	x == y、x != y	等しいか等しくないかを検査する
論理AND	x & y	論理積を求める
論理XOR	x ^ y	排他的論理和を求める
論理OR	x | y	論理和を求める
条件AND	x && y	条件式で使用する論理積
条件OR	x || y	条件式で使用する論理和
Null合体	x ?? y	xがnullの場合はyを返す
条件	x ? y : z	条件を評価して返す結果を変える
代入式とラムダ式	x = y、x += y、x -= y、x *= y、x /= y、x %= y、x &= y、x |= y、x ^= y、x <<= y、x >>= y、=>	代入を行う演算子とラムダ式

※上のカテゴリほど優先順位が高い。同じカテゴリの演算子の順位は同じになる

うわ〜、こんなにあるんですか

今は「乗法」と「加法」がわかっていれば十分。あとはちょっとずつ覚えていこう。この表は優先順位に迷ったときに見直せば大丈夫だよ

同じ優先順位の演算子を組み合わせた式

まずは同じ順位の演算子を組み合わせた式を使ってみましょう。すべて「+」なので、計算は左端の「+」から右に向かって順番に実行されます。

■ Chap1_7_1.cs

計算結果は以下のようになります。

読み下し文

整数2に整数10を足した結果に整数5を足した結果を表示しろ。

最初に1つ目の「+」によって「2+10」が計算されて12という結果が出ます。2つ目の「+」はその結果と5を足すので、「12+5」が計算され、その結果がDebug.Logメソッドに渡されて［Console］ウィンドウに「17」と画面に表示されます。

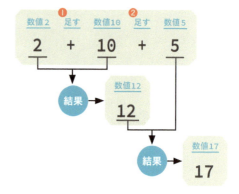

39ページの表を見るとわかるように「+」と「-」、「*」と「/」はそれぞれ優先順位が同じですから、それらを組み合わせた場合も、同じように左から右へ実行されます。

優先順位が異なる演算子を組み合わせた式

「+」と「*」のように、優先順位が異なる演算子を組み合わせた式を試してみましょう。2つ目の「+」の代わりに「*」を書きます。それ以外は同じですが、優先順位が異なるせいで計算結果も変わってきます。

■Chap1_7_2.cs

```
デバッグ機能 表示しろ 整数2 ❷足す 整数10 ❶掛ける 整数5
7  Debug.Log( 2 + 10 * 5 );
```

読み下し文

7　整数10に整数5を掛けた結果を整数2に足した結果を表示しろ。

計算結果は以下のように「52」となります。

この式では先に「10*5」という計算が行われます。その結果の50が2に足されるので、最終結果は52になります。

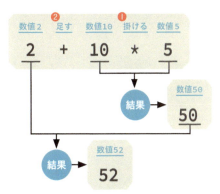

「途中で一時的な結果が出る」ことをイメージするのが重要だよ。そうしないとあとで出てくるメソッドや変数が混ざった式の意味がわからなくなるんだ

カッコを使って計算順を変える

優先順位が低い演算子を先に計算したい場合は、その部分をカッコで囲みます。このカッコは<u>カッコ内の式の優先順位を一番上にする</u>働きを持ちます。

■Chap1_7_3.cs

```
           デバッグ機能  表示しろ    整数2 ❶足す 整数10 ❷掛ける 整数5
7          Debug.Log( (2 + 10) * 5 );
```

カッコ内の「+」のほうが優先順位が上がるので、「2+10」の結果に5を掛けろという読み下し文になります。

読み下し文

7 整数2に整数10を足した結果に整数5を掛けた結果を表示しろ。

このスクリプトを実行すると「60」と表示されます。

カッコの中にカッコが入れ子になった式

カッコの中に、さらにカッコが入った式を書くこともできます。その場合は「より内側にある」カッコが優先されます。

■Chap1_7_4.cs

```
           デバッグ機能  表示しろ    整数5 ❸割る 整数4 ❷掛ける 整数1 ❶引く 実数0.2
7          Debug.Log( 5 / (4 * (1 - 0.2)) );
```

カッコの優先順位を反映すると、次のような読み下し文になります。

読み下し文

7 整数1から実数0.2を引いた結果を整数4に掛け、その結果で整数5を割った結果を表示しろ。

内側のカッコが最優先なので、「1-0.2」が先に計算されて0.8という結果が出ます。次に「4*0.8」が計算されて3.2という結果が出ます。最後に「5/3.2」が計算され、1.5625という結果が表示されます。

カッコが重なるとややこしいですねー。Debug.Logメソッドのカッコもありますし

とにかく内側のカッコほど優先すると覚えておこう

負の数を表す「-」

「-」という演算子は書く場所によって意味が変わります。左側にあるものが数値なら「引く」という意味になりますが、それ以外の場合は「負の数」を表します。また、負数の「-」は「*」や「/」よりも優先順位が上です。「-5は-演算子と数値5の組み合わせだ」と考えなくても正しい結果は予想できると思いますが、場所によって意味が変わる演算子もあることは頭のすみに入れておいてください。

■ Chap1_7_5.cs

```
            デバッグ機能  表示しろ  整数2 ❷足す 整数10 ❶掛ける 整数-5
7           Debug.Log(  2   +   10   *   -5  );
```

NO 08 変数を使って計算する

次は「変数」について学習しよう。変数はスクリプトを効率的に書くために欠かせない要素の1つだよ

変数……。スクリプトの中でコロコロ変わっていく数字という意味ですか？

イメージとしては近いかもね。ただ、変数では数値だけじゃなく、文字列なども扱うことができるんだ

変数とは？

　数値や文字列などのデータ類をまとめて「値」と呼びます。同じ値を複数箇所で何度も使う場合、スクリプトに値を直接入力していると、値を修正しなければいけなくなったときに手間がかかってしまいます。

　このように<u>事前に繰り返し使うことがわかっている値は、「変数」に入れておきます</u>。「変数」は何らかの値を記憶できる箱のようなものと思ってください。スクリプト内の必要な箇所にこの箱を置くことで、記憶した値がそこに当てはめられます。変数は次の形で作成して、値を記憶します。

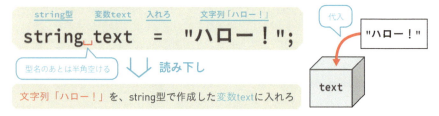

　C#では、<u>値の種類に合わせた変数を作成</u>しなければいけません。文字列（Character String）を記憶したい場合は、「string 変数名」と書いてstring（ストリング）型の変数を作成します。そのあとの「＝（イコール）」は演算子の一

種で、数学だと「等しい」という意味ですが、C#では「入れろ（代入しろ）」または「記憶しろ」という意味で使われます。

変数を作成してその値を代入する

　文字列を変数に記憶して、それを表示するスクリプトを書いてみましょう。7行目で「ハロー！」という文字列をstring型の変数「text」に入れます。8行目ではDebug.Logメソッドの目的語に変数「text」を使います。

■ Chap1_8_1.cs

```
         string型    変数text  入れろ      文字列「ハロー！」
7    string text = "ハロー！";
         デバッグ機能   表示しろ   変数text
8    Debug.Log( text );
```

　すでに説明したように「string 変数名」と書くと、string型の変数が作られます。型（Type）は「データの種類」を表す用語で、string型の他にもさまざまな型があります。これについては後ほどあらためて説明します。
　値を入れた変数は値の代わりに使えます。ですから「Debug.Log(text)」は「変数textの内容を表示しろ」または「変数textを表示しろ」と読み下せます。

読み下し文

7　文字列「ハロー！」を、string型で作成した変数textに入れろ。

8　変数textを表示しろ。

　スクリプトの実行結果は以下のとおりです。変数textには文字列「ハロー！」が入っているので、それがDebug.Logメソッドで表示されます。

「Debug.Log("ハロー！");」って書いたときと結果が同じですよね？　何の意味があるんですか？

今の例は書き方を説明しただけだからね。次はもう少し実用的な例を試してみよう

変数を使うメリットは？

次の例は、2つの変数を使用しています。変数kakakuに何かの商品の価格を入れると、それを1.08倍して変数urineに入れ、それを表示するというスクリプトです。実数を入れたい場合は、double（ダブル）型の変数を作成します。

■ Chap1_8_2.cs

```
        double型      変数kakaku    入れろ 整数100
7   double kakaku = 100;
        double型      変数urine   入れろ 変数kakaku  掛ける 実数1.08
8   double urine = kakaku * 1.08;
        デバッグ機能    表示しろ    変数urine
9   Debug.Log(urine);
```

doubleは倍精度浮動小数点数（double precision floating point number）から来た名前で、精度が高い実数を意味しています。実数のための型には精度が低いfloat（フロート）型もあり、データ量が半分になるのでゲームではよく使われます。

読み下し文

7 整数100を、double型で作成した変数kakakuに入れろ。

8 変数kakakuに実数1.08を掛けた結果を、double型で作成した変数urineに入れろ。

9 変数urineを表示しろ。

変数kakakuに100を入れて計算したので、結果は108となります。

変数kakakuに入れる数値を150に変更してみましょう。それだけで8行目以降の処理の結果が変わります。

■Chap1_8_3.cs

読み下し文

7　整数150を、double型で作成した変数kakakuに入れろ。

8　変数kakakuに実数1.08を掛けた結果を、double型で作成した変数urineに入れろ。

9　変数urineを表示しろ。

なぜそうなるのか、以下の図でスクリプトの流れを追いかけてみましょう。変数kakakuの値を変えると、それを参照しているすべての箇所の結果が変わっています。このように変数を使えば、スクリプトをほとんど書き替えずに違う結果を出せるのです。

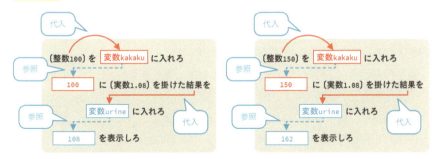

NO 09 変数の命名ルールとスペースの入れどころ

さっきは説明しなかったけど、変数の名前に使える文字には制限があるから、それを使って命名しないといけないよ

へー、何でそんな決まりがあるんですか？

それはね、C#のコンパイラがスクリプトを解読するしくみと関係があるんだ

変数の命名ルールを覚えよう

変数の命名ルールを3項目に分けて説明します。この命名ルールはメソッドやクラスの名前でも共通です。これらは<u>守らないとスクリプトが正しく動かない最低限のルール</u>で、その他に読みやすいスクリプトを書くための慣習的なルールもあります。

❶半角のアルファベット、アンダースコア、数字を組み合わせて付ける

<u>アルファベットのa〜z、A〜Z、「_（アンダースコア）」、数字の0〜9</u>を組み合わせた名前を付けることができます。

実は漢字などの全角文字も許可されているのですが、半角の演算子やメソッドと混在すると入力が面倒になるのでおすすめしません。

❷数字のみ、先頭が数字の名前は禁止

数字のみの名前は数値と区別できないので禁止です。また、<u>名前の先頭を数字にすることも禁止</u>されています。

OKの例：	answer	name1	name2	my_value	text	BALL
NGの例：	!mark	12345	1day	a+b	x-y	

❸予約語と同じ名前は禁止

　以下に挙げるキーワードを「予約語」といい、C#で別の目的で使用することが決まっています。例えば次のChapter 2で登場するtrue、false、if、elseは条件分岐のために使うキーワードなので、変数名に使うことはできません。ただし、「truestory」のように他の文字と組み合わせた場合はOKです。「true」のみの単独の名前としては使えないということです。

```
abstract  as  base  bool  break  byte  case  catch  char  checked
class  const  continue  decimal  default  delegate  do  double
else  enum  event  explicit  extern  false  finally  fixed  float
for  foreach  goto  if  implicit  in  int  interface  internal  is
lock  long  namespace  new  null  object  operator  out  override
params  private  protected  public  readonly  ref  return  sbyte
sealed  short  sizeof  stackalloc  static  string  struct  switch
this  throw  true  try  typeof  uint  ulong  unchecked  unsafe
ushort  using  using static  virtual  void  volatile  while
```

数学の数式みたいに、aとかxとかのアルファベット1文字の名前を付けることもできるよ。ただし使いすぎは禁物だ

どうしてですか？　短くて入力しやすいのに

aやxという名前だけ見ても、何のための変数かわからないだろう。textなら文字が入っている、kakakuなら価格が入っていると予想が付く

なるほど、名前の付け方でも、スクリプトのわかりやすさが左右されるんですね

スペースの入れどころ

サンプルスクリプトでは、演算子の前後にスペースが入っているように見えるんですが、入れないといけないんですか？

ふりがなのための空きだから入れても入れなくてもいいよ

え、どっちがいいんですか？　決めてくださいよ

絶対にスペースで区切らないといけないところはあるんだけど、それ以外はどっちでもいいんだよ

　C#のスクリプトには、<u>絶対に半角スペースで区切らないといけない部分</u>があります。それ以外は入れても入れなくても結果は変わりません。それを見分けるポイントは、<u>変数名に使える文字かどうか</u>です。

　C#で書いたスクリプトは「C#コンパイラ」というプログラムが翻訳して実行します。C#コンパイラは、スクリプトを1文字ずつたどっていって、変数、演算子、メソッド、数値などを識別します。識別の基準は文字の種類です。

　例えば「answer=value1+124;」のようにまったく区切りのないスクリプトがあったとしても、<u>演算子の「=」と「+」は変数の名前としてNGな記号なので、そこを区切りと見なします。</u>

　つまり、演算子が途中に入っていれば、変数との間に半角スペースが入っても入らなくても結果は同じです。

次は半角スペースを入れないといけないケースです。doubleなどの型名は、変数名に使える文字でできています。そのため、<u>型名と変数の間を空けなかったら、1つの言葉と見なされてエラーになります</u>。例えば「double answer」の間を空けずに詰めて「doubleanswer」と書くと意味が変わってスクリプトが正しく解釈されなくなります。この場合は絶対に1つ以上の半角スペースで空けなければいけません。

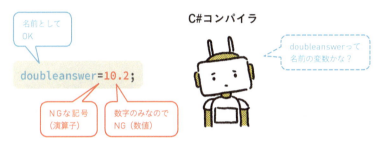

本書では、半角スペースを絶対に入れないといけない場所は、⌴ 記号で明記します。

なんか難しい話でしたね……

とりあえず「型名と変数の間は半角スペースを入れる」って覚えておけば大丈夫だよ

Visual Studioはリアルタイムでエラーを指摘する

Visual Studioには、入力中のスクリプトを解析して、その場で問題を指摘する機能が付いています。誤って「doubleanswer」と入力した場合でもすぐに指摘されます。

マウスポインタを合わせるとエラーメッセージが表示されます。

NO 10 データの入力を受け付ける

次はデータを入力してもらって、それによって結果が変わるスクリプトを作ってみよう。パブリック変数というものを使うよ

何ですかそれ？

パブリック変数を作ると、[Inspector] ウィンドウ上にデータを入力するためのボックスを表示できるんだ

パブリック変数とは

　パブリック変数は、コンポーネント間でデータをやりとりするために用意された特殊な変数です。書き方は通常の変数とそれほど変わりません。ただし、メソッドのブロックの外、つまり<u>クラスのブロックの直下に書かなければいけません。また、型名の前にpublicを加えます。</u>

```
public class Chap1_10_1 : MonoBehaviour {
    public 型 変数名;        ← クラスのブロックの直下（メソッドのブロックの外）に書く
    void Start () {
        Debug.Log(text);
    }
}
```

- パブリック設定：型名の前にpublicと書く
- スクリプトのコンポーネントに入力ボックスが表示される

　パブリック変数は、[Inspector] ウィンドウのコンポーネントの画面に入力ボックスとして表示されます。ゲームの実行前に入力しておけば、入力した内容をスクリプトで読み取って利用できるのです。

入力した内容をそのまま表示するスクリプトを作る

　実際にパブリック変数を使ってみましょう。以下の例は、textというパブリック変数を作成し、そこに入力した内容を［Console］ウィンドウに表示するスクリプトです。

■Chap1_10_1.cs

```
5   public class Chap1_10_1 : MonoBehaviour {
        パブリック設定  クラス作成  Chap1_10_1という名前  継承  MonoBehaviourクラス

6       public string text;
            パブリック設定  string型  変数text

7       void Start () {
            戻り値なし Startという名前 引数なし

8           Debug.Log(text);
                デバッグ機能  表示しろ  変数text
        }
        ブロック終了
    }
    ブロック終了
```

※Updateメソッドは削除しています。

読み下し文

5　MonoBehaviourクラスを継承した「Chap1_10_1」という名前のパブリック設定のクラスを作成せよ {

6　　パブリック設定でstring型の変数textを作成しろ。

7　　戻り値なし、引数なしで「Start」という名前のメソッドを作成せよ {

8　　　変数textを表示しろ。

　　}

}

　このスクリプトを入力して上書き保存したら、Unityエディタに切り替えて［Inspector］ウィンドウに［Text］という名前の入力ボックス（名前の先頭は

大文字になります）が表示されるまで少し待ってください。スクリプトに書かれた内容をUnityが理解して画面に反映するまで、数秒かかります。

入力ボックスが表示されたら、そこに適当な文字列を入力して、[Play] ボタンをクリックします。

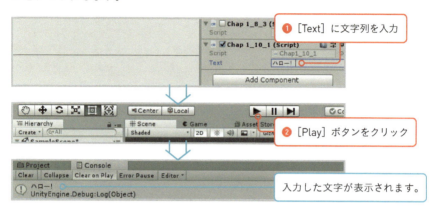

入力結果をちょっと加工して表示する

同じものを表示するだけでは面白くないので少しだけ加工してみましょう。ユーザーが入力したデータに、文字列を追加してみます。

■ Chap1_10_2.cs

```
public class Chap1_10_2 : MonoBehaviour {

    public string text;

    void Start () {

        Debug.Log("入力は" + text);

    }

}
```

ここで注目してほしいのが、+演算子のふりがなです。「+」は左右に数値があればそれを足せという命令ですが、<u>左右のどちらかが文字列の場合、両者を「連結せよ」という命令に変化します</u>。

読み下し文

5　MonoBehaviourクラスを継承した「Chap1_11_2」という名前のパブリック設定のクラスを作成せよ {
6　　パブリック設定でstring型の変数textを作成しろ。
7　　戻り値なし、引数なしで「Start」という名前のメソッドを作成せよ {
8　　　文字列「入力は」と変数textを連結した結果を表示しろ。
　　}
}

実行結果は以下のようになります。ユーザーが入力した文字列の前に、「入力は」という文字列が追加されることが確認できます。

なるほど。ところで、ゲームの実行中に別の文字列を入力することはできないんですか？

ゲームで遊んでいる人が操作できる入力ボックスを表示するには、「Unity UI」というまったく違うものを使うんだ。Chapter 5でちょっと紹介するよ

つまり、パブリック変数はゲームで遊んでいる人に操作させるものじゃないってことですね

そういうこと。今回の使い方はあくまで学習用だね

NO 11 組み込み型と型の決まりごとを覚える

数値を入れる変数を作るときはdoubleでしたっけ？

実数だったらdoubleかfloat、整数だったらintだね

また新しい型が出てきた。全部でどれだけあるんですか？

C#では型を自作できるから理屈の上では無限大にある。でも最初は「組み込み型」だけ覚えればいいかな

「組み込み型」とは？

　C#は「クラス」というしくみを使って型を増やすことができ、Chapter 4以降ではゲーム作りに必要ないろいろな型を紹介していきます。しかし、最初の段階で覚えておいてほしいのは、C#に最初から用意されている<u>組み込み型</u>です。数値や文字列といった最低限必要なデータを記憶するためのものです。

代表的な組み込み型

データ型	意味	値の書き方（具体例）
int（イント）	整数	数字の組み合わせ（128）
double（ダブル）	倍精度実数	小数点以下を付ける（8.0）
float（フロート）	単精度実数	実数の最後に「f」を付ける（10.2f）
string（ストリング）	文字列	ダブルクォートで囲む（"ハロー！"）
bool（ブール）	真偽値	trueまたはfalse（Chapter 2参照）

型を変換する

　原則的に<u>型が異なるものを変数に入れる</u>ことはできません。例えば、int型の変数にdouble型の値を入れようとしたり、string型の変数に数値を入れようとし

たりすると「Cannot implicity convert type（暗黙的に型を変換できない）」というエラーメッセージが表示されます（64ページ参照）。

数値の場合は、「(int)」のように型名をカッコで囲んで書いておくと、型を変換できます。この書き方を<u>キャスト（Cast）</u>と呼びます。また、<u>+演算子を使うと文字列と数値を連結できる</u>ので、この性質を利用して数値を文字列に変換してstring型の変数に入れることができます。

■ Chap1_11_1.cs

```
7  int seisuu = (int)3.5;
8  string text = "" + 110;
9  Debug.Log( seisuu + text );
```

読み下し文

7 実数3.5をint型に変換し、int型で作成した変数seisuuに入れろ。

8 文字列「」と整数110を連結した結果を、string型で作成した変数textに入れろ。

9 変数seisuuと変数textを連結した結果を表示しろ。

```
3110
UnityEngine.Debug:Log(Object)
```

なお、まったく関係ない型を変換することはできません。例えば、画像データの型を音楽データの型にキャストするというのは無理です。よくわからないうちは数値以外はキャストしないほうがいいでしょう。

> なんか、ややこしいですねぇ

> 今理解してほしいのはキャストじゃなくて、原則的に「型が合っていないと入れられない」ことだね。それと組み込み型の種類。あとは必要なときに教えるよ

メソッドとオブジェクト

NO 12

ここまで使ってきたDebug.Logは「メソッド」と呼ばれるもので、コンピュータにさまざまな仕事をさせるんだ

何となく使ってきましたけど、メソッドがないとスクリプトは書けませんよね。しっかりマスターしたいです！

いい心がけだね！　メソッドにも共通するルールがあるから、一度覚えればいろいろと応用が利くよ

引数と戻り値

「C#でいろいろなことができる」の「いろいろ」を受け持つのがメソッドです。Debug.Logの他にもさまざまなメソッドがあり、メソッドを覚えた分だけ、作れるスクリプトの幅が広がります。ここでメソッドの使い方をあらためて覚えておきましょう。

メソッドのあとには必ずカッコが続き、その中に文字列や数値、式などを書きます。これまでは「目的語」と説明してきましたが、正確には「引数（ひきすう）」といいます。スクリプト内に「メソッド名(引数)」と書くと、メソッドはそれぞれに割り当てられた仕事をします。メソッドに仕事をさせることを「呼び出す」といいます。

文字列や数値などの何らかの値を返してくるメソッドもあります。メソッドが返す値のことを「戻り値（もどりち）」といいます。このような戻り値を返すメソッドは、それを変数に代入したり、式の中に混ぜて書いたり、他のメソッドの引数にしたりすることができます。

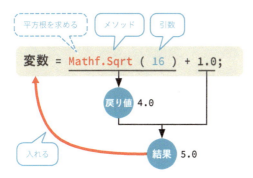

式の中に数値と混ぜてメソッドが書けるって何か不思議ですね

要は「数値の戻り値を返すメソッドは、数値の代わりに使える」ってこと。これが理解できると応用範囲が広がるよ

複数の引数を渡す

ここまでメソッドには1つの引数を指定してきましたが、複数の引数を受けとれるメソッドもあります。複数の引数を指定するには、カッコの中に「, (カンマ)」で区切って書きます。

■Chap1_12_1.cs

```
       int型   変数value 入れろ   最大値を求める      整数10  整数40  整数20  整数30
7      int value = Mathf.Max( 10, 40, 20, 30 );
       デバッグ機能  表示しろ 変数value
8      Debug.Log(value);
```

読み下し文

7 整数10と整数40と整数20と整数30から最大値を求め、int型で作成した変数valueに入れろ。

8 変数valueを表示しろ。

　ここで使用している<u>Mathf.Max（マスエフ・マックス）メソッド</u>は、引数に渡した複数の数値の中から一番大きなものを返します。引数の使い方はメソッド次第です。何個の引数を受けとれるか、受けとった引数をどう使用するかはメソッドごとに変わります。

メソッドの「.（ドット）」の前にあるものは何？

　これまで「Debug.Logメソッド」と説明してきましたが、正確にはメソッドの名前は「Log」だけです。では、「Debug」は何なのでしょうか？　実はこれはクラスというものの名前です。

　C#では、<u>メソッドは必ずクラスに所属しています</u>。DebugクラスにLogメソッドが所属していて、MathfクラスにMaxメソッドやSqrtメソッドが所属しています。これまで皆さんが書いてきたスクリプトを見返してください。33ページで説明したように、<u>Chap1_4_1などのクラスのブロックの中に、StartメソッドとUpdateメソッドのブロックがありましたね</u>。つまり、自分で書くときもクラスの中にメソッドが所属しているわけです。

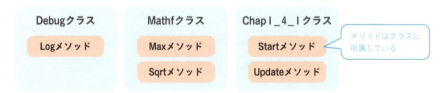

何でクラスが必要なんでしょう？ LogやMax、Startだけのほうが短くて覚えやすいですよね？

昔のプログラミング言語にはクラスってなかったんだよ。それだと、命令（メソッド）の数が多くなると管理しにくくなるんだよね

なるほど、「デバッグ機能に関することはDebugクラス」「計算に関することはMathfクラス」とまとめたんですね

静的メソッドとインスタンスメソッド

「クラス.メソッド()」の形で呼び出すメソッドを<u>静的メソッド</u>といいます。その他に<u>インスタンスメソッド</u>と呼ばれるものがあります。実は、一般的に「メソッド」という言葉が指すのはインスタンスメソッドのほうです。

インスタンスとはクラスの複製のことで、単にメソッドをまとめるだけでなく、データを記憶できます。変数の中に入れて使うため、インスタンスメソッドを呼び出すときは「変数.メソッド()」という書き方になります。

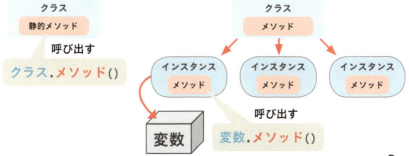

また、難しいことをいいだしましたね〜

インスタンスメソッドが出てくるのはしばらく先なんだけどね。「クラス.メソッド()」だけがメソッドの呼び出し方じゃないってことを先に知ってほしかったんだ

NO 13 エラーメッセージを読み解こう①

ゲームを実行したら、[Console] ウィンドウにまっ赤なアイコンの文字がずらずら出てきてたんですけど……

どれどれ、見せてごらん。ああ、これはエラーメッセージだね。変数やメソッドのつづりが間違ってるみたいだよ

名前を間違えたときに表示されるエラー

メソッド名や変数名のミスタイプは、ベテランでもなかなか避けられないエラーです。変数名を間違えたときとメソッド名を間違えたときでは、表示されるエラーメッセージが異なります。

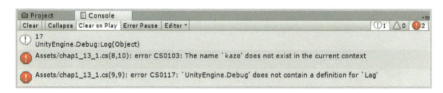

以下はわざとミスタイプしたスクリプトです。変数名とメソッド名を間違えているのですが、どこが間違っているかわかりますか?

■ **エラーが発生しているスクリプト**

```
int kazu = 10;
kazu = kazo * kazu;
Debug.Lag (kazu);
```

間違いを目で探してもいいのですが、こういうときは<u>エラーメッセージを読むほうが早い</u>です。まずは変数名を間違えたときのエラーメッセージを見てみましょう。

■ エラーメッセージ

```
Assets/Chap1_13_1.cs(8,10): error CS0103:
The name 'kazo' does not exist in the
current context
```

- Assetsフォルダ
- Chap1_13_1.csファイル
- 8行、10列
- エラーコードCS0103
- 名前
- 「kazo」
- しない
- 存在
- 中
- 現在の
- 文脈

読み下し文

1 Assetsフォルダ内のChap1_13_1.csファイルの8行、10列：エラーコードCS0103：現在の文脈中に「kazo」という名前は存在しない

　英語で表示されるとちょっとギョッとしますが、日本語に訳してみるとそう難しくはないですね。最初の部分は<u>エラーが発生しているファイル名と行、列番号</u>です。エラーコードのあとが本題で、確かに指摘のとおり「kazo」という名前の変数はありませんね。「kazu」の打ち間違いです。
　次はメソッド名の間違いのほうを見てみましょう。エラーコードまでは省略します。

■ エラーメッセージ

```
'UnityEngine.Debug' does not contain a
definition for 'Lag'
```

- UnityEngine.Debugクラス
- しない
- 含む
- 定義
- の
- 「Lag」

読み下し文

1 UnityEngine.Debugクラスは「Lag」の定義を含まない

　この場合はクラス名の「Debug.」までは合っているので、「UnityEngine.Debug」クラスの中に「Lag」というメソッドがあるかどうかが調べられます。当然Lagはないので、「定義を含まない」というエラーメッセージになるわけです。ちなみにUnityEngineは名前空間です（33ページ参照）。

実はVisual Studioだと日本語のエラーメッセージを読むことができます。名前を間違えている部分に赤い波線が表示されているはずなので、マウスポインタを合わせてください。エラーメッセージがポップアップ表示されます。

こっちのほうがわかりやすいじゃないですか！

Visual Studioは日本語版だからね。ただ、ゲーム実行中に起きるエラーとかUnityエディタ側にしか表示されないものもあるんだ

なるほど、Unityエディタも見る必要があるんですね

型が合っていないときに表示されるエラー

　56ページで変数と値の型が合っていないとエラーが表示されると説明しました。以下はdouble型の値をint型の変数に入れようとしたときに表示されるエラーです。

■ エラーメッセージ

1　Cannot implicity convert type 'double' to `int`. An explicit conversion exists(are you missing a cast?)

（できない　暗黙的に　変換する　型　「double」　へ　「int」　明示的な　変換　存在する　では　あなた　抜かしている　キャスト）

読み下し文

> 1 「double」から「int」に暗黙的に型を変換できない。明示的な変換が存在する（キャストを抜かしているのでは？）

　「Are you missing a cast?」はちょっとイラッとしますが、指摘のとおりキャストが抜けているのが原因です。ここでは「暗黙的」と「明示的」という言葉に注目してみましょう。暗黙的な変換というのは、キャストを書かなくても自動的に変換してくれることです。実はint型（整数）からdouble型（実数）への変換の場合、失われる情報がないので、エラーを出さず暗黙的に変換してくれます。double型からint型に変換する場合は、小数点以下の数値が失われる可能性があるため、キャストで明示的に変換しなければいけません。

---

diffツールでスクリプトの間違いをチェックする

絶対に間違っていないはずなのにエラーが消えないときは、diffツールでチェックしてみましょう。diffツールはファイルの内容を比較するためのプログラムです。本書を読みながらスクリプトを入力していてどうしても間違いが見つけられないときは、ダウンロードしたサンプルファイル（215ページ参照）と比較してみましょう。
Webサービス「Diffchecker」（https://www.diffchecker.com）では、2つのボックスにプログラムをコピー&ペーストし、[Find Difference！]をクリックすると、どこが違うのかを色分けをして示してくれます。

Diffchecker

NO 14 復習ドリル

プログラムを自分で読み下してみよう

Chapter 1で学んだことの総仕上げとして、以下の2つの例文にふりがなを振り、読み下し文を自分で考えてみましょう。正解はそれぞれのサンプルファイル名が掲載されているページを確認してください。

問1：計算のサンプル（42ページ参照）

■Chap1-7-3.cs

```
Debug.Log( (2 + 10) * 5 );
```

問2：変数を利用した計算のサンプル（46ページ参照）

■Chap1_8_2.cs

```
double kakaku = 100;

double urine = kakaku * 1.08;

Debug.Log(urine);
```

まずは「数値」「変数」「演算子」「メソッド」を区別するところからやってみよう

名前のあとにカッコが付いてたらメソッドですよね

Unity C#
FURIGANA PROGRAMMING

Chapter 2

条件によって分かれる文を学ぼう

NO 01　条件分岐ってどんなもの？

> コンビニではたいていお釣りを「大きいほう」から渡すよね。たぶん接客マニュアルに書いてあるんだと思うけど

> 「紙幣とコインが混ざっていたら、紙幣から先に渡す」とか書いてあるんでしょうね

> それと同じように、スクリプトで「○○だったら、××する」を書くのが条件分岐なんだ

条件分岐を理解するにはマニュアルをイメージする

　小説などの文章は先頭から順に読んで行くものですが、業務や家電のマニュアルだと「特定の状況のときだけ読めばいい部分」があります。スクリプトでも条件を満たすときだけ実行する文があります。それが「条件分岐」です。スクリプトの流れが分かれるので「分岐」といいます。

紙幣とコインが混ざっていたら
　→紙幣から先に渡す
　紙幣が2枚以上だったら
　　→客に確認してもらう
　次にコインを渡す

　スクリプトにちょっと気の利いたことをさせようと思えば、条件分岐は欠かせません。分岐が多くなると流れを把握しづらくなるので、「フローチャート（流れ図）」という図を描いて整理します。右図のひし形が条件分岐を表します。

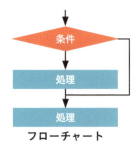
フローチャート

「true（真）」と「false（偽）」

条件分岐のためにまず覚えておいてほしいのが、true（トゥルー）とfalse（フォルス）です。trueは日本語では「真」と書き、条件を満たした状態を表します。falseは日本語で「偽」と書き、trueの逆で条件を満たしていない状態を表します。

これらは文字列や数値と同じ値の一種で、「真偽値」（または「論理値」）と呼びます。条件をチェックした結果を表す値です。

C#には、trueかfalseのどちらかを返すメソッドや演算子があります。これらとtrueかfalseかで分岐する文を組み合わせて、さまざまな条件分岐を書いていきます。

ここまで勉強してきたスクリプトは、上から下に順番に実行されるものばかりだった。「条件分岐」とChapter 3で説明する「繰り返し」ではそれが変わるんだ

読み飛ばしたり、上に戻ったりする場合が出てくるんですね

そういう感じ。こういう文を、流れを制御するという意味で「制御構文」と呼ぶよ

NO 02 Chapter 2のための ゲームオブジェクトを追加する

Chapter 1ではたくさんスクリプトのコンポーネントを追加したよね

はい。[Inspector] ウィンドウにスクロールバーが出ちゃって、探すのが面倒です

わかりにくいので新しいゲームオブジェクトを作ろうか

空のゲームオブジェクトを追加する

[Hierarchy]ウィンドウで2つ目の空のゲームオブジェクトを追加しましょう。やり方はChapter 1で説明したとおりです。

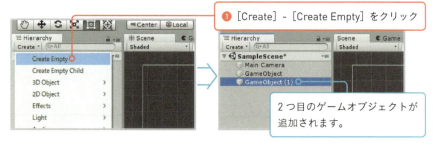

❶ [Create] - [Create Empty] をクリック

2つ目のゲームオブジェクトが追加されます。

名前に「(1)」が付くので、[Inspector] ウィンドウで「GameObject2」に変更しておきましょう。

❶名前を「GameObject2」に変更して Enter キーを押す

スクリプトのコンポーネントを追加する

続いて次ページで使用するスクリプトのコンポーネントをGameObject 2に追加します。こちらはChapter 1と別のやり方を試してみましょう。[Add Component]をクリックすると表示されるメニューの上に、検索ボックスがあります。ここにスクリプト名を入力するとスクロールの手間なくスクリプトを作成できます。この方法だと、すでに同名のスクリプトがある場合は候補として表示されるので、既存のスクリプトの追加もすばやくできます。

❶ [Add Component] をクリックして検索ボックスに「Chap2_3_1」と入力

❷ [New script] をクリック

スクリプトの作成画面が表示されます。

❸ そのまま Enter キーを押す

Chapter 1で作成したスクリプトはすべてチェックボックスを外しておきましょう。そうしないと、複数のスクリプトが同時に実行されてしまいます。

❶ GameObjectをクリック

❷ チェックボックスをすべて外す

ゲームオブジェクトは大量に追加しても大丈夫だから、お好みでもっと細かく分けてもいいよ

NO 03 比較演算子で大小を判定する

ゲームと関係ないんですけど、毎月アンケートの集計をしてるんですよ。回答者の年齢を見て「未成年」「成人」とか振り分けないといけないんですが、C#でできませんか？

アンケートの振り分けまでは無理だけど、C#で年齢層を判定するスクリプトならすぐ作れるよ

判定のやり方だけでもいいので教えてください

比較演算子の使い方を覚えよう

年齢層の判定とは、「20歳未満なら未成年」「20歳以上なら成年」のように、与えられた数値が基準値より大きいか小さいかを調べることです。C#で大きい、小さい、等しいといった判定を行うには、<u>比較演算子（関係演算子とも呼ぶ）を使った式</u>を書きます。

主な比較演算子

演算子	読み方	例
<	左辺は右辺より小さい	a < b
<=	左辺は右辺以下	a <= b
>	左辺は右辺より大きい	a > b
>=	左辺は右辺以上	a >= b
==	左辺と右辺は等しい	a == b
!=	左辺と右辺は等しくない	a != b

「==」や「!=」などの2つの記号を組み合わせた演算子もありますが、数学で習う「不等式」と似ています。ただし、数学の不等式は解（答え）を求めるた

めの前提条件を表すものですが、プログラミング言語の比較演算子は、計算の演算子と同じく結果を出すための命令です。その結果とはtrueとfalseです。

比較する式の結果を見てみよう

GameObject2に追加したスクリプトを開き、Startメソッドのブロック内に次の文を書いてみましょう。比較演算子を使った式をDebug.Logメソッドの引数にして、式の結果を表示します。

■Chap2_3_1.cs

デバッグ機能　表示しろ　整数4　小さい　整数5
7 `Debug.Log( 4 < 5 );`

読み下し文

7 「整数4は整数5より小さい」の結果を表示しろ。

「数値4は数値5より小さい」は当然正しいですね。ですから表示される結果は「True」です。では、正しくない式だったらどうなるのでしょうか？

■Chap2_3_2.cs

デバッグ機能　表示しろ　整数6　小さい　整数5
7 `Debug.Log( 6 < 5 );`

読み下し文

7 「整数6は整数5より小さい」の結果を表示しろ。

「整数6は整数5より小さい」は正しくありません。その場合の結果は「False」になります。

[Console]ウィンドウには「True」「False」のように先頭が大文字で表示されるけど、スクリプト内ではすべて小文字の「true」「false」と書くのが正しいよ

パブリック変数を組み合わせてみよう

数値同士の比較だと結果は常に同じです。しかし、<u>比較演算子の左右のどちらか、もしくは両方が変数</u>だったら、変数に入れた数値よって結果が変わることになります。パブリック変数を使って入力した数値を比較してみましょう。整数しか入力できないようにしたいのでint型にします。

■ Chap2_3_3.cs

```
5   public class Chap2_3_3 : MonoBehaviour {
        // パブリック設定  クラス作成  Chap2_3_3という名前  継承  MonoBehaviourクラス
6       public int age;
        // パブリック設定  int型  変数age
7       void Start () {
        // 戻り値なし  Startという名前  引数なし
8           Debug.Log( age < 20 );
        // デバッグ機能  表示しろ  変数age  小さい  整数20
        }
        // ブロック終了
    }
    // ブロック終了
```

※Updateメソッドは削除しています。

読み下し文

5 MonoBehaviourクラスを継承した「Chap2_3_3」という名前のパブリック設定のクラスを作成せよ {

6 　パブリック設定でint型の変数ageを作成しろ。

7 　戻り値なし、引数なしで「Start」という名前のメソッドを作成せよ {

8 　　「変数ageは整数20より小さい」の結果を表示しろ。

　}

}

パブリック変数ageに数値を入力してからゲームを実行してみましょう。20未満の数値を入力すると「True」と表示されます。

[Play] ボタンをクリックしていったんゲームを終了し、20以上の数値を入力してから実行すると今度は「False」と表示されます。

文字列を比較する

比較演算子を使って文字列を比較することもできます。よく使われるのは、等しいときにtrueを返す「==」、等しくないときにtrueを返す「!=」です。

```
Debug.Log("apple" == "apple");     結果はtrue
Debug.Log("apple" == "orange");    結果はfalse
Debug.Log("apple" != "apple");     結果はfalse
Debug.Log("apple" != "orange");    結果はtrue
```

NO 04　20歳未満だったら メッセージを表示する

結果がTrue、Falseだとわかりにくいから、「未成年」と表示できるようにしよう

どうやるんですか？

if文を組み合わせて使うんだ

if文の書き方を覚えよう

　if（イフ）文は条件分岐の基本になる文です。ifのカッコ内に書いた式の結果がtrueだったら、その次の波カッコで囲まれている部分に進みます。falseだった場合は波カッコをスキップして次に進みます。

　if文では、「実行する文」を波カッコで囲んで、if文の一部であることを示します。波カッコで囲まれた範囲を<u>「ブロック」</u>といいます。実行結果に影響はありませんが、ブロック内では Tab キーを押して1段階字下げするのがマナーです。

数値が20未満だったら「未成年」と表示する

　if文を使って、パブリック変数ageが20未満のときに「未成年」と表示するようにしてみましょう。ifのカッコ内に比較演算子を使った式を書きます。

■Chap2_4_1.cs

```
6  public int age;
      パブリック設定  int型  変数age

7  void Start () {
      戻り値なし Startという名前 引数なし

8      if ( age < 20 ) {
          もしも  変数age 小さい 整数20  真なら以下を実行せよ

9          Debug.Log( "未成年" );
              デバッグ機能 表示しろ  文字列「未成年」

       }
       ブロック終了
   }
   ブロック終了
```

　本書ではifの行末の「{（開き波カッコ）」に「真なら以下を実行せよ」とふりがなを振っています。本来この「{」は<u>ブロックの始まりを表している</u>だけなのですが、読み下したときに意味が通じるよう「trueのときに実行する」というニュアンスにしています。

読み下し文

6　パブリック設定でint型の変数ageを作成しろ。
7　戻り値なし、引数なしで「Start」という名前のメソッドを作成せよ {
8　　もしも「変数ageは整数20より小さい」が真なら以下を実行せよ
9　　{　文字列「未成年」を表示しろ。　}
　}

ブロック内で複数の処理を行う

if文のブロック内には複数の処理を書くことができます。未成年と表示する前に、年齢を表示するようにしてみましょう。

■ Chap2_4_2.cs

```
6    public int age;
7    void Start () {
8        if ( age < 20 ) {
9            Debug.Log( age + "歳は" );
10           Debug.Log( "未成年" );
         }
     }
```

読み下し文

6 パブリック設定でint型の変数ageを作成しろ。
7 戻り値なし、引数なしで「Start」という名前のメソッドを作成せよ {
8 　もしも「変数ageは整数20より小さい」が真なら以下を実行せよ
9 　　{ 変数ageと文字列「歳は」を連結した結果を表示しろ。

```
10          文字列「未成年」を表示しろ。 }
}
```

ブロックとフローチャート

ブロックはif文以外でも何度も出てくるので、もう少し捕捉しましょう。ブロックは複数の文をまとめて1つの文の一部にする働きがあります。つまり、if文というのは「if()」のところを指すのではなく、「}（閉じ波カッコ）」までです。文が続いているので「if()」の行には「;」は付けません。

「}」のあとはブロックの外なので、その部分は上のif文とは関係なくなり、trueのときでもfalseのときでも常に実行されます。

```
if ( age < 20 ){
    Debug.Log( age + "歳は" );    ← if文の
    Debug.Log( "未成年" );         ブロック内
}
Debug.Log( "ブロック外だよ" );    ← ブロック外
```

少しややこしいので、フローチャートでも表してみましょう。条件のところを赤いひし形で示しています。trueの場合はブロック内の文に進み、そのあとブロック外の文に合流します。falseの場合はブロック外に進みます。

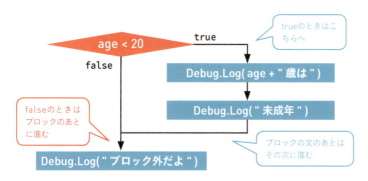

NO 05 20歳未満「ではない」ときにメッセージを表示する

20歳以上のときに何も表示されないとスクリプトが動いていないみたいですね

 じゃあ、20歳未満ではないときは「成人」と表示させてみよう

else文の書き方を覚えよう

falseのときにも何かをしたいときは、<u>if文のブロックのあとにelse（エルス）文を追加します</u>。

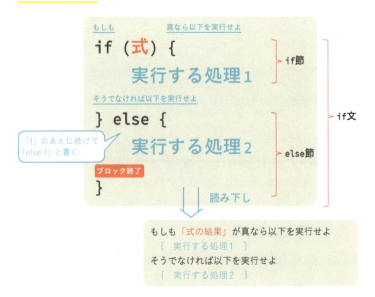

if文とelse文で1セットなので、<u>else文だけを書くとエラーになります</u>。

else文を追加してみよう

else文を使ったスクリプトを書いてみましょう。9行目まではChap2_4_1.csと同じなので、流用してもOKです。

■ Chap2_5_1.cs

```csharp
    public int age;
    void Start () {
        if ( age < 20 ) {
            Debug.Log( "未成年" );
        } else {
            Debug.Log( "成人" );
        }
    }
```

行番号: 6〜11

- 6: パブリック設定　int型　変数age
- 7: 戻り値なし　Startという名前　引数なし
- 8: もしも　変数age　小さい　整数20　真なら以下を実行せよ
- 9: デバッグ機能　表示しろ　文字列「未成年」
- 10: そうでなければ以下を実行せよ
- 11: デバッグ機能　表示しろ　文字列「成人」
- ブロック終了
- ブロック終了

読み下し文

6	パブリック設定でint型の**変数age**を作成しろ。
7	戻り値なし、引数なしで「Start」という名前のメソッドを作成せよ {
8	もしも「**変数age**は**整数20**より小さい」が真なら以下を実行せよ
9	{　文字列「未成年」を表示しろ。　}
10	そうでなければ以下を実行せよ
11	{　文字列「成人」を表示しろ。　}
	}

このスクリプトを実行すると、20歳未満ならif文のブロック内に進むので「未成年」と表示します。

　20歳以上の場合はelse文のブロックに進むので、「成人」と表示します。

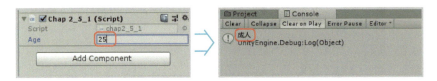

　フローチャートを見てみましょう。falseの場合はブロックの次に進むのではなく、else文のブロックに進んでから、ブロックの外に進みます。今回のサンプルではelse文のあとは何もないので、そのまま終了します。

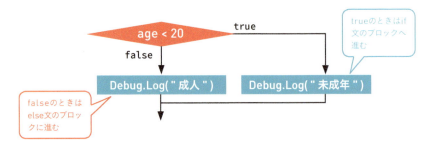

変数のところに実際の値を当てはめる

スクリプトを実行した結果とフローチャートは理解できるんですよ。でも、スクリプトや読み下し文を読んだときに理解する自信がないです……

なるほどね。読み下し文を一緒にじっくり読んでみよう

次の図はサンプルスクリプトの読み下し文からif文のところだけを抜き出し、さらに変数ageの部分に実際の文字列を当てはめてみたものです。

ユーザーが「16」と入力した場合、「16は整数20より小さい」は真です。ですからその直下のブロックを実行します。逆にそのあとの「そうでなければ〜」の部分は該当しないので、その直下のブロックは実行しません。

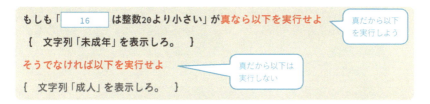

ユーザーが「32」と入力した場合、「32は整数20より小さい」は偽なので、その直下のブロックは実行しません。逆にそのあとの「そうでなければ〜」の部分に該当するので、その直下のブロックを実行します。

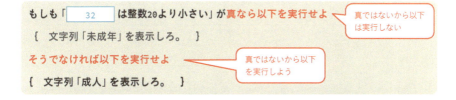

あ、変数のところに実際の値を当てはめてみると、そのとおりに読めますね

よかった！　読み下し文ではなくスクリプトを直接読む場合も、意味がわからないときは変数に実際の値を当てはめてみると理解できることがあるよ

NO 06 3段階以上に分岐させる

「未成年」「成人」「高齢者」の3つで判定したいときはどうしたらいいでしょうか？

そういうときはelse if文を追加して、複数の条件を書くんだ

else if文の書き方を覚えよう

if文にelse if文を追加すると、if文に複数の条件を持たせることができます。「そうではなくもしも『〜〜』が真なら以下を実行せよ」と読み下します。

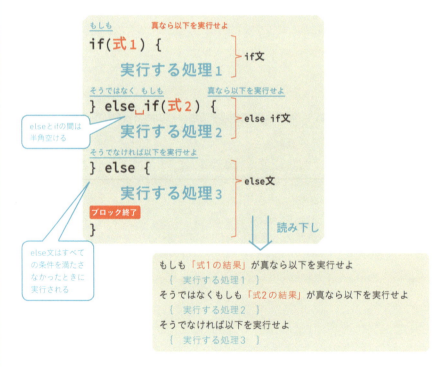

「未成年」「成人」「高齢者」の3段階で判定するスクリプトを書いてみましょう。「20歳未満」と「65歳未満」の2つの条件で判定します。

■ Chap2_6_1.cs

```cs
public int age;
void Start () {
    if ( age < 20 ) {
        Debug.Log( "未成年" );
    } else if( age < 65 ){
        Debug.Log( "成人" );
    } else {
        Debug.Log( "高齢者" );
    }
}
```

注釈:
- `public int age;` — パブリック設定、int型、変数age
- `void Start ()` — 戻り値なし、Startという名前、引数なし
- `if ( age < 20 ) {` — もしも、変数age、小さい、整数20、真なら以下を実行せよ
- `Debug.Log( "未成年" );` — デバッグ機能、表示しろ、文字列「未成年」
- `} else if( age < 65 ){` — そうではなくもしも、変数age、小さい、整数65、真なら以下を実行せよ
- `Debug.Log( "成人" );` — デバッグ機能、表示しろ、文字列「成人」
- `} else {` — そうでなければ以下を実行せよ
- `Debug.Log( "高齢者" );` — デバッグ機能、表示しろ、文字列「高齢者」
- `}` — ブロック終了
- `}` — ブロック終了

読み下し文

6　パブリック設定でint型の**変数age**を作成しろ。

7　戻り値なし、引数なしで「Start」という名前のメソッドを作成せよ {

8　　もしも「**変数age**は**整数20**より小さい」が真なら以下を実行せよ

9　　{　文字列「未成年」を表示しろ。　}

10	そうではなくもしも「変数ageは整数65より小さい」が真なら以下を実行せよ
11	{　文字列「成人」を表示しろ。　}
12	そうでなければ以下を実行せよ
13	{　文字列「高齢者」を表示しろ。　}
	}

　スクリプトを何回か実行して、3つの層の年齢を入力してみてください。20歳未満の年齢を入力したときはif文のブロックに進んで「未成年」と表示されます。65歳未満の年齢を入力するとelse if文のブロックに進んで「成人」と表示されます。65歳以上の年齢を入力した場合、20歳未満でも65歳未満でもないため、else文のブロックに進んで「高齢者」と表示されます。

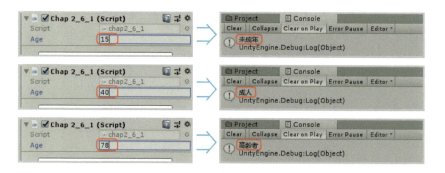

　フローチャートで表すと、if文のひし形のfalseの先にelse if文のひし形がつながります。else if文をさらに増やした場合は、if文とelse文のブロックの間にひし形がさらに追加された図になります。

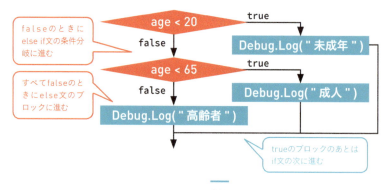

else if文をif文に変えるとどうなる？

ふと思ったんですが、else ifのところをifにしたらどうなるんですか？

それはうまくいかないよ。と、クチでいってもピンと来ないだろうから、実際にやってみようか

　else ifをifに変更してもスクリプトはほとんど同じに見えます。しかし実際は大きな違いがあります。if～else if～elseは１つのまとまりと見なされるので、実行されるブロックはその中のどれか１つだけです。ところが途中のelse ifをifにした場合、２つのまとまりになるので、複数のブロックが実行される可能性が出てきてしまいます。

　Chap 2-6-1.csの10行目のelse ifをifに変更したスクリプトを実行して20歳未満の年齢を入力すると、「age<20」と「age<65」の両方ともtrueになるため、「未成年」「成人」の両方が表示されてしまいます。

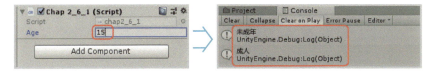

　変数の部分に実際の値を当てはめた読み下し文で確認してみましょう。２つの条件が真実となってしまっていますね。

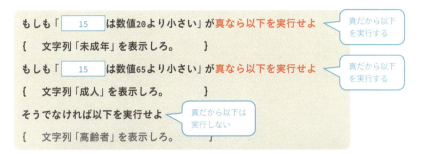

なるほど、これはダメですね

NO 07 複数の比較式を組み合わせる

今度は6〜15歳だけを判定したいです

それは義務教育期間だね。2つの数値の範囲内にあるかどうかで判定したいときは、論理演算子を利用するんだ

論理演算子の書き方を覚えよう

　論理演算子はブール値（trueかfalse）を受けとって結果を返す演算子で、<u>&&（アンド）、||（オア）、！（ノット）</u>の3種類があります。

　1つ目の&&演算子は<u>左右の値が両方ともtrueのときだけtrueを返します</u>。この説明ではピンと来ないかもしれませんが、値の代わりに比較演算子を使った式を左右に置いてみてください。比較演算子はtrueかfalseを返すので、2つの式が同時にtrueを返したときだけ、&&演算子の結果もtrueになります。

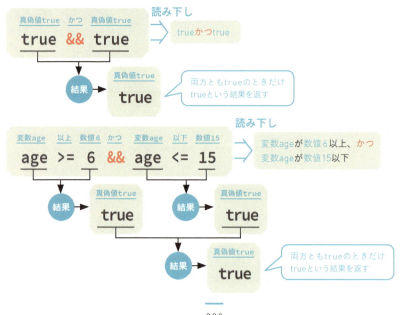

&&演算子は「AかつB」と訳すことが多いので、本書でもそれにならって「かつ」と読み下します。

義務教育の対象かどうかをチェックする

6〜15歳という範囲は「6以上」と「15以下」という2つの条件を組み合わせたものですから、&&演算子を使えば1つのif文で判定できます。

■Chap2_7_1.cs

```
 6  public int age;
 7  void Start () {
 8      if( age >= 6 && age <= 15 ) {
 9          Debug.Log("義務教育の対象");
        }
    }
```

パブリック設定　int型　変数age
戻り値なし　Startという名前　引数なし
もしも　変数age　❶以上　整数6　❸かつ　変数age　❷以下　整数15　真なら以下を……
デバッグ機能　表示しろ　文字列「義務教育の対象」
ブロック終了
ブロック終了

読み下し文

6　パブリック設定でint型の変数ageを作成しろ。
7　戻り値なし、引数なしで「Start」という名前のメソッドを作成せよ {
8　　もしも「変数ageが整数6以上、かつ変数ageが整数15以下」が真なら以下を実行せよ
9　　　{　文字列「義務教育の対象」を表示しろ。　}
　　}

スクリプトを実行して、6〜15歳の間の年齢を入力してみてください。「義務教育の対象」と表示されます。

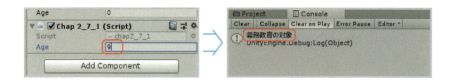

幼児と高齢者だけを対象にする

今度は||演算子を使ってみましょう。||演算子は左右のどちらかがtrueのときにtrueを返し、「または」と読み下します。次のスクリプトでは、年齢が5歳以下または65歳以上の場合に「幼児と高齢者」と表示します。

■ Chap2_7_2.cs

```
6  public int age;
7  void Start () {
8      if ( age <= 5 || age >= 65 ) {
9          Debug.Log("幼児と高齢者");
       }
   }
```

読み下し文

6 パブリック設定でint型の変数ageを作成しろ。
7 戻り値なし、引数なしで「Start」という名前のメソッドを作成せよ {
8 　もしも「変数ageが整数5以下、または変数ageが整数65以上」が真なら以下を実行せよ
9 　　{ 文字列「幼児と高齢者」を表示しろ。 }
  }

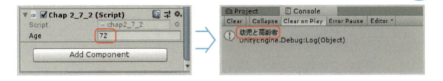

!演算子を使ってfalseのときだけ実行する

3つ目の!演算子は、<u>直後（右側）にあるtrueとfalseを逆転します</u>。Mathf.IsPowerOfTwo（マスエフ・イズパワーオブトゥー）メソッドは引数の数値が2のべき乗のときにtrueを返します。2のべき乗「ではない」ときに処理をしたい場合には!演算子を組み合わせて戻り値を逆転します。

■Chap2_7_3.cs

```
                もしも  ではない Mathfクラス     2のべき乗？    整数9    真なら以下を……
7    if ( ! Mathf.IsPowerOfTwo(9) ) {
           デバッグ機能 表示しろ    文字列「2のべき乗ではない」
8         Debug.Log("2のべき乗ではない");
     ブロック終了
     }
```

読み下し文

7　もしも「整数9が2のべき乗ではない」が真なら以下を実行せよ

8　{　文字列「2のべき乗ではない」を表示しろ。　}

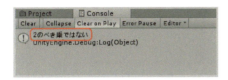

　!演算子は左側に値を置くことができません。値を1つしか持てない演算子を「単項演算子」と呼びます。!演算子以外では、負の数を表すために使う「-」も単項演算子です（43ページ参照）。

NO 08 エラーメッセージを読み解こう②

カッコが対応していないときのエラー

　if文の式やブロックの閉じカッコが多い場合、次のエラーが表示されます。「予想外のところで } が出てきた」という意味です。

■エラーメッセージ

```
             予期しない              記号           「}」
1   Unexpected symbol '}'
```

読み下し文

```
1   予期しない記号「}」
```

　逆に閉じカッコが少ない場合はどうなるのでしょうか。その場合は閉じカッコが見つからないままスクリプトの最後まで進んでしまうため、「予想外のところでファイルが終わった」という意味のエラーが表示されます。

■エラーメッセージ

```
             予期しない              記号        「     ファイルの終端      」
1   Unexpected symbol 'end-of-file'
```

読み下し文

```
1   予期しない記号「ファイルの終端」
```

else ifの半角空きを忘れた場合

　else if文を書くときに「elseif(……){」と書いた場合、次のようなエラーが表示されます。

■エラーメッセージ

```
1  Unexpected symbol '{'
     予期しない    記号   「}」

2  Unexpected symbol 'else'
     予期しない    記号   「else」
```

読み下し文

1. 予期しない記号「{」
2. 予期しない記号「else」

ちょっとわかりにくいですが、「elseif」を変数か何かの名前と考え、そのあとに「{」が来る理由がわからないといっているようです。そこが理解できないために、そのあとの「else」も予期しない記号だと指摘しています。このようにエラー原因の「elseif」ではなく、そのあとの部分が指摘されることもあるのです。

Visual Studioでカッコの対応を確認する

カッコの数が増えてくると間違える可能性も増えてきます。Visual Studioでは開きカッコの前か、閉じカッコの後にカーソルを移動すると、<u>対応するカッコがグレーでハイライト表示されます</u>。この機能は、波カッコだけでなく、丸カッコや角カッコでも利用できます。

```
public class Chap_5_1 : MonoBehaviour {
    public int age;
    void Start() {
        if (age < 20) {
            Debug.Log("未成年");
        } else if(age < 65){
            Debug.Log("成人");
        } else {
            Debug.Log("高齢者");
        }
    }
}
```

❶ 開きカッコの前にカーソルを移動

閉じカッコがグレーで
ハイライト表示されます。

> これは便利ですね！ カッコの対応ミスがすぐ探せます

NO 09 復習ドリル

問題1:6歳未満なら「幼児」と表示するスクリプトを作る

以下の読み下し文を参考にして、そのとおりに動くスクリプトを書いてください。

ヒント:Chap2-4-1.csが参考になります。

■読み下し文

6 パブリック設定でint型の変数ageを作成しろ。
7 戻り値なし、引数なしでStartという名前のメソッドを作成せよ {
8 　もしも「変数ageは整数6より小さい」が真なら以下を実行せよ
9 　{ 文字列「幼児」を表示しろ。 }
　}

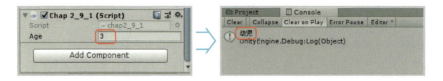

少し前に「20未満なら」ってスクリプト書いたばかりですよね。ちょっと簡単すぎじゃないですか?

サンプルを見なくても、ちゃんと書けるかどうかを確認するテストってとこかな

あれ……。パブリック変数ってどう書くんでしたっけ?

問題2：以下のスクリプトの問題点を探す

以下のスクリプトには大きな問題があります。ふりがなを振り、何が問題か説明してください。

ヒント：Chap 2-7-2.cs が参考になります。

■ Chap 2_9_2.cs

```csharp
public int age;

void Start () {

    if ( age <= 5  && age >= 65 ) {

        Debug.Log("幼児と高齢者");

    }

}
```

if文で「空（から）」かどうかをチェックする

if文には真偽値を返す式以外を渡すこともできます。数値の場合は0のときはfalse、それ以外はtrueを返します。また、空（から）の文字列のときもfalseを返します。「空の文字列」というのは、「""」のように文字列を書くときに使用するダブルクォートだけを2つ並べたものです。ユーザーが何も入力しなかったことを判定するときなどに使います。

```csharp
if(""){
  Debug.Log( "空ではない" );
} else {
  Debug.Log( "空です" );
}
```

解答1

解答例は次のとおりです。

■ Chap2_9_1.cs

```
6   public int age;          // パブリック設定 int型 変数age
7   void Start () {          // 戻り値なし Startという名前 引数なし
8       if ( age < 6 ) {     // もしも 変数age 小さい 整数6 真なら以下を実行せよ
9           Debug.Log( "幼児" );  // デバッグ機能 表示しろ 文字列「幼児」
        }                    // ブロック終了
    }                        // ブロック終了
```

解答2

「ageが5以下」と「ageが65以上」を同時に満たすことがないため、「age <= 5 && age >= 65」が真（true）になることはありえません。Chap2_7_2.csのようにor演算子の「||」を使いましょう。

■ Chap2_9_2.cs

```
8       if ( age <= 5 && age >= 65 ) {   // もしも 変数age ①以下 整数5 ③かつ 変数age ②以上 整数65 真なら以下を……
9           Debug.Log("幼児と高齢者");      // デバッグ機能 表示しろ 文字列「幼児と高齢者」
        }                                // ブロック終了
```

Unity C#
FURIGANA PROGRAMMING

Chapter 3

繰り返し文を学ぼう

NO 01 繰り返し文ってどんなもの？

おやおや、すごく忙しそうだね

忙しいっていうか、繰り返し作業が多いんですよ。こういうのもスクリプトで何とかできませんかね？

詳しく聞かないと何ともいえないけど、できることもあるはずだよ

効率を大幅アップする繰り返し文

繰り返し文とは、名前のとおり同じ仕事を繰り返すための文です。条件分岐と同じく小説などには普通出てきません。とはいえ、繰り返し文を使えば効率が大幅に上がる、ということは予想が付くと思います。

繰り返し文をフローチャートで表すと、角を落とした四角形2つを矢印でつないだ形になります。矢印の流れが輪のようになるので、英語で輪を意味する「ループ (loop)」とも呼ばれます。

私達が普段使っているアプリなども、「ユーザーの操作を受けとる→結果を出す」を繰り返すループ構造になっています。

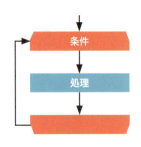

繰り返しと配列

　Chapter 3では繰り返しとあわせて「配列」という型が登場します。配列は連続したデータを記憶することができ、C#の繰り返し文と組み合わせると直感的に連続処理できます。

繰り返し文は難しい？

　繰り返し文は、まったく同じ仕事を繰り返すだけなら難しくないのですが、それでは大して複雑なことはできません。繰り返しの中で変数の内容を変化させたり、繰り返しを入れ子にしたり、分岐を組み合わせたりしていくと、段々ややこしくなっていきます。

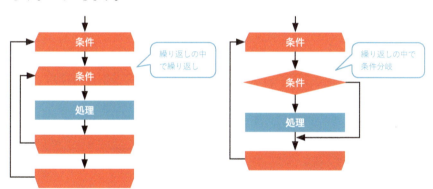

　複雑な繰り返し文が難しいのは確かなのですが、よく使われるパターンはそれほど多くありません。変数に実際の値を当てはめて考える「穴埋め文」などを使って、少しずつ理解を深めていきましょう。

難しいのはイヤですけど、単純な繰り返し作業を自分でやるよりはいいですよ

その気持ちは大事だね。プログラミングでは、単純作業をいかに減らすかっていう考え方が大切なんだよ

NO 02　条件式を使って繰り返す

繰り返し文は何種類かあるけど、まずはシンプルなwhile（ホワイル）文からやってみよう

何で繰り返しが「while」なんですか？

whileには「〜である限り」という意味がある。while文も「条件を満たす限り繰り返す」んだ

while文の書き方を覚えよう

while文は、条件を満たす間繰り返しをする文です。whileのカッコ内に、trueかfalseを返す式や関数などを書きます。そのため、書き方はif文に似ています。あとで説明するfor文は回数が決まった繰り返しに向くのに対し、while文は条件があって回数が決まっていない繰り返しに向きます。

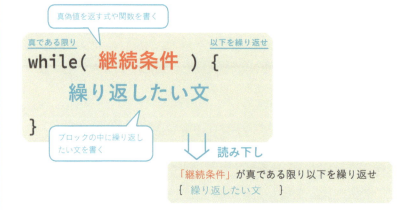

英語のwhileには「〜である限り」という意味があります。そこで「継続条件が真である限り」と読み下すことにします。

残高がゼロになるまで繰り返す

　次のスクリプトは、「30000円の資金から5080円ずつ引いていった経過」を表示するスクリプトです。資金が底を突いたら終了させたいので、「変数shikinが0以上」をwhile文の継続条件にしました。

■Chap3_2_1.cs

```
7   int shikin = 30000;
8   while(shikin >= 0) {
9       Debug.Log(shikin);
10      shikin = shikin - 5080;
    }
```

読み下し文

7　整数30000を、int型で作成した変数shikinに入れろ。
8　「変数shikinは整数0以上」が真である限り以下を繰り返せ
9　{　変数shikinを表示しろ。
10　　変数shikinから数値5080を引いた結果を変数shikinに入れろ。 }

　スクリプトを実行すると、6回目で繰り返しが終了します。

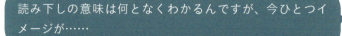
読み下しの意味は何となくわかるんですが、今ひとつイメージが……

穴埋め文で考えてみよう

　次の図はwhile文のブロック内を穴埋め文で表したものです。繰り返し文なので、ブロック内の文は、繰り返しの数だけ展開されることになります。

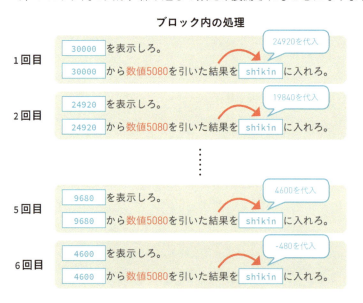

　このように繰り返し文は、スクリプト上は短い文でも展開されて長い実行結果になるものなのです。

変数shikinの中身がちょっとずつ減っていきますね！　最後には「-480」になってしまう

そういうこと。そして、「shikin>0」がfalseになるから繰り返しが終了するんだ

変数から少しずつ引く式を理解する

while文の意味はわかったんですが、「shikin=shikin-5080」って何か変じゃないですか？

そう感じる人は結構いるんだよね。たぶん数学で「=」を「等しい」と習ったせいだと思うけど

スクリプトだと意味が違うんですね

　数学の方程式では「shikin=shikin-5080」は成立しません。しかし、<u>スクリプトの「=」は代入演算子で、「変数に入れろ」という命令です</u>。代入演算子の優先順位はかなり低いので、たいてい「=」の左右にある式を処理してから仕事をします。

　つまり「shikin=shikin-5080」は、変数shikinのその時点の値から5080を引き、その結果を変数shikinに入れろという意味になります。繰り返し文の中で書くと、繰り返しのたびに変数shikinは5080ずつ減っていきます。

■ Chap3_2_1.cs（抜粋）

```
                変数shikin  入れろ  変数shikin   引く  数値5080
10       shikin  =  shikin  -  5080;
```

計算もできる代入演算子

「shikin=shikin-5080」という式では、shikinという変数名を2回書かなければいけません。代入演算子の-=を使えば、「shikin-=5080」と短く書けます。

演算子	読み方	例	同じ意味の式
+=	右辺を左辺に足して入れる	a+=10	a=a+10
-=	右辺を左辺から引いて入れる	a-=10	a=a-10
*=	右辺を左辺に掛けて入れる	a*=10	a=a*10
/=	右辺で左辺を割って入れる	a/=10	a=a/10

NO 03　仕事を5回繰り返す

次はfor文を使って「5回繰り返す文」の書き方を覚えてみよう

これも何で「for」なのか謎ですね？

「for 3 days」（3日間）のように期間や範囲を表す意味合いがあるから、そこから来てるんじゃないかな

for文の書き方を覚えよう

for（フォー）文は回数が決まった繰り返しに向いています。for文のカッコには3つの式を「;（セミコロン）」で区切って書きます。繰り返しが始まる前に「初期化」が1回だけ実行され、「継続条件」が真の間繰り返しが実行されます。「最終式」はブロック内の処理が終わったあとに毎回実行されます。

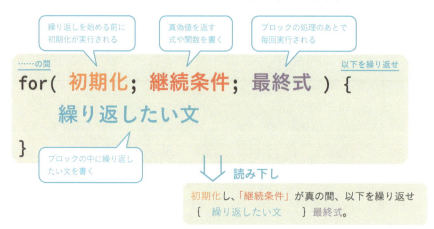

ややこしく感じますが、読み下し文の「継続条件〜繰り返したい文のブロック」のところだけを見てください。while文とほぼ同じです。つまりfor文とは、

while文に回数をカウントするための式を付け足したものなのです。

同じメッセージを5回表示する

「ハロー！」を5回表示する繰り返し文を書いてみましょう。5回繰り返したい場合は継続条件を「変数<5」にします。ここでは回数のための変数を、counterを略したcntとしています。

■ Chap3_3_1.cs

```
7  for(int cnt = 0; cnt < 5; cnt++) {
8      Debug.Log( "ハロー！" );
   }
```

……の間　int型　変数cnt入れろ整数0　変数cnt小さい整数5　変数cnt 1増　以下を繰り返せ
デバッグ機能　表示しろ　文字列「ハロー！」
ブロック終了

読み下し文

7　変数cntを整数0で初期化し、継続条件「変数cntが整数5より小さい」が真の間、以下を繰り返せ
8　{　文字列「ハロー！」を表示しろ。　}変数cntを1増やす。

読み下すときには、for文のカッコ内の式を3つに分けて配置します。初期化は繰り返しが始まる前に実行されるので、最初に置きます。最終式は繰り返しのたびにブロックのあとで実行されるので、「}」のあとに書きます。最終式の「++」は変数の値を1増やすという意味のインクリメント演算子です。短く書けるのでfor文ではよく使います。

このスクリプトを実行すると、「ハロー！」が5回表示されます。

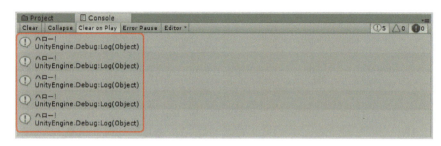

メッセージの中に回数を入れる

繰り返したい文の中でfor文の変数を使ってみましょう。Debug.Logメソッドを使って、「回目のハロー！」という文字列と連結して表示します。

■Chap3_3_2.cs

```
7  for(int cnt = 0; cnt < 5; cnt++) {
8      Debug.Log( cnt + "回目のハロー！" );
   }
```

読み下し文

7　変数cntを整数0で初期化し、継続条件「変数cntが整数5より小さい」が真の間、以下を繰り返せ

8　{　変数cntと文字列「回目のハロー！」を連結した結果を表示しろ。　}変数cntを1増やす。

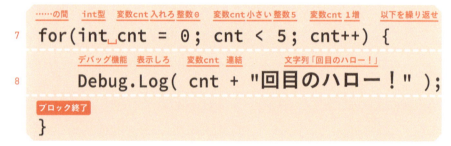

読み下し文の意味がわかりにくいですね。結果は見ればわかるんですが……

人間が読む文章には「繰り返し文」ってないからイメージしにくいよね。ロボットとベルトコンベアをイメージしてみよう

「繰り返したい文」をロボットへの指示書としてイメージする

「繰り返したい文」を工場で働くロボットへの指示だと捉え直してみましょう。for文のたとえとして、ロボットの前にベルトコンベアがある状態をイメージしてください。ベルトコンベアの上を0〜4の数値が流れてきます。ロボットは数値を1つ拾って指示書の変数cntの部分にはめ込み、それにしたがって仕事をします。それを最後の数値になるまで繰り返すと、「0回目のハロー！」から「4回目のハロー！」が順番に表示されるのです。

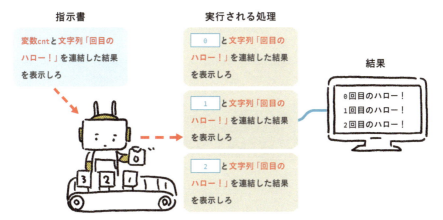

商品を箱詰めするロボットとか、自動的に溶接するロボットとかが仕事している様子をイメージすればいいんですね

NO 04　5〜1へ逆順で繰り返す

for文をより理解するために逆順の繰り返しもやってみよう

逆順って、5、4、3、2……って減っていくことですよね？

逆順で繰り返すには？

　Chapter 3-3は1ずつ増えていくfor文の例でした。継続条件や最終式を変えれば、10ずつ増やしたり、1ずつ減らしたりすることもできます。10ずつ増やしたい場合は、最終式の「変数++」を「変数+=10」などに変更します。<u>1ずつ減らしたい場合はデクリメント演算子を使って「変数--」と書きます</u>。

　5〜1の範囲内で1ずつ減っていく連番を作成して、繰り返してみましょう。初期化で変数cntに5を入れ、継続条件は「cnt>0」にします。

■ Chap3_4_1.cs

```
7  for(int cnt = 5; cnt > 0; cnt--) {
8      Debug.Log( cnt + "回目のハロー！" );
   }
```

行7 ……の間　int型　変数cnt 入れろ　整数5　変数cnt 大きい　整数0　変数cnt 1減　以下を繰り返せ
行8 デバッグ機能　表示しろ　変数cnt　連結　文字列「回目のハロー！」
ブロック終了

読み下し文

7　変数cntを整数5で初期化し、継続条件「変数cntが整数0より大きい」が真の間、以下を繰り返せ

8　{ 　変数cntと文字列「回目のハロー！」を連結した結果を表示しろ。　} 変数cntを1減らす。

スクリプトを実行してみましょう。「5回目のハロー！」〜「1回目のハロー！」が表示されます。

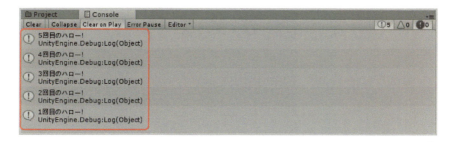

繰り返しからの脱出とスキップ

break（ブレーク）文とcontinue（コンティニュー）文は、繰り返し文の流れを変えるためのものです。以下の例文はwhile文を例にしていますが、for文の中でも使えます。

break文は繰り返しを中断したいときに使います。例えば、通常なら「10回繰り返すが、何か非常事態が起きたら繰り返しを終了する」といった場合です。

continue文は繰り返しは中断しませんが、ブロック内のそれ以降の文をスキップして、繰り返しを継続します。つまり、繰り返しの処理を1回スキップすることになります。

どちらの文も、繰り返し文のブロックがある程度長くならないと使いませんが、いつか使う日のために頭の隅に置いておいてください。

```
while( 継続条件 ) {

  if( 脱出条件 ) {

    break;          ← 繰り返し文から脱出

  }

  if( スキップ条件 ) {

    continue;       ← 繰り返し文の先頭に戻って継続

  }

}
```

NO 05 繰り返し文を2つ組み合わせて九九の表を作る

for文のブロック内にfor文を書いて入れ子にすることもできるよ。「多重ループ」っていうんだ

繰り返しを繰り返すんですか? 言葉を聞くだけで難しそう。人間に理解できるものなんでしょうか?

でもね、ぼくらの生活も、1時間を24回繰り返すと1日で、それを7回繰り返すと1週間……1カ月を12回繰り返すと1年なわけだ。多重ループって意外と身近なんだよ

九九の計算をしてみよう

for文のブロック内にfor文を書くと多重ループになります。多重ループの練習でよく使われる例なのですが、九九の計算をしてみましょう。九九は1〜9と1〜9を掛け合わせるので、1〜9で繰り返すfor文を2つ組み合わせます。

■ Chap3_5_1.cs

```
7  for(int x = 1;  x < 10; x++) {
8      for(int y = 1;  y < 10; y++) {
9          Debug.Log( x * y );
       }
   }
```

……の間 int型 変数x 入れろ 整数1 変数x 小さい 整数10 変数x 1増 以下を繰り返せ

……の間 int型 変数y 入れろ 整数1 変数y 小さい 整数10 変数y 1増 以下を繰り返せ

デバッグ機能 表示しろ 変数x 掛けろ 変数y

ブロック終了

ブロック終了

1つ目のfor文のブロック内に2つ目のfor文を書くので、波カッコの対応に注意してください。

読み下し文

7	変数xを整数1で初期化し、継続条件「変数xが整数10より小さい」が真の間、以下を繰り返せ
8	{　変数yを整数1で初期化し、継続条件「変数yが整数10より小さい」が真の間、以下を繰り返せ
9	{　変数xに変数yを掛けた結果を表示しろ。　}変数yを1増やす。
	}変数xを1増やす。

実行すると次のように「1×1」〜「9×9」の結果が表示されます。

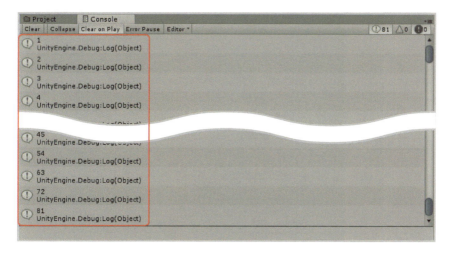

読み下し文の最初の2行はわかります。でも3行目の掛け算をしているところがうまくイメージできないです

それじゃあ、またベルトコンベアの図で説明しよう

for文を入れ子にしているので、ベルトコンベアも2つになります。ベルトコンベア1のロボットが1つ数値を拾うと、ベルトコンベア2が動き始めます。流れてくる数値をベルトコンベア2のロボットが拾って、指示書にしたがって仕事をしていきます。ベルトコンベア2の仕事が終わると、またベルトコンベア1が動き出してロボットが数値を1つ拾います。

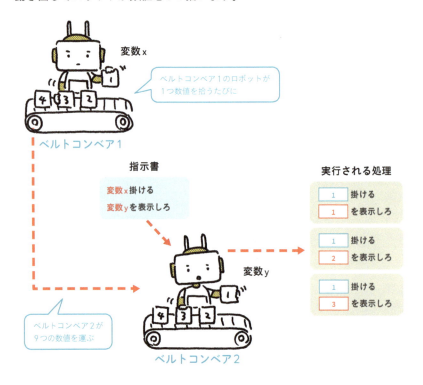

九九らしく表示する

　より九九らしく見せるために、「1×1＝1」という式の部分も表示するようにしてみましょう。2つのfor文の部分は先ほどのサンプルと同じです。Debug.Logメソッドの部分で、変数と文字列を連結して式を表示します。
　Debug.Logメソッドの文が入りきらないので途中で折り返しています（実際に入力するスクリプトでは折り返さなくてもかまいません）。C#では単語の区切りで自由に改行してかまいません。

■Chap3_5_2.cs

```
for(int x = 1;  x < 10; x++) {
    for(int y = 1;  y < 10; y++) {
        Debug.Log( x + "×" + y
            + "=" + x * y );
    }
}
```

読み下し文

7　変数xを整数1で初期化し、継続条件「変数xが整数10より小さい」が真の間、以下を繰り返せ

8　{ 変数yを整数1で初期化し、継続条件「変数yが整数10より小さい」が真の間、以下を繰り返せ

9　{ 変数x、文字列「×」、変数y、文字列「＝」を連結し、変数xに変数yを掛けた結果を連結して表示しろ。 } 変数yを1増やす。

} 変数xを1増やす。

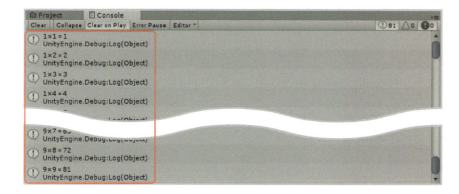

NO 06 配列に複数のデータを記憶する

今度は「配列」の使い方を説明するよ。配列を使うと、1つの変数に複数の値をまとめて入れられるよ

そんなことをして何の役に立つんですか？

配列にすると「連続したデータ」として扱えるので、繰り返し文と組み合わせやすくなるんだ

配列の書き方を覚えよう

配列（はいれつ）は中に複数の値を入れられる「型」です。繰り返し文とも、よく組み合わせて使われます。配列を作るには、変数を作る際に型名に角カッコを付け、そこに入れるもの全体を波カッコで囲み、値をカンマで区切って並べます。配列内の個々の値を「要素」と呼びます。

型[] 変数 = { 値a, 値b, 値c };

型に[]を付ける　読み下し　配列{ 値a, 値b, 値c }を変数に入れろ。　中に入れるものを{}で囲む

配列を作成すると、1つの変数の中に複数の値が入った状態になります。ここで気を付けてほしいのは、型[]は「型の配列」を意味し、「型」とは別物として扱われるという点です。例えばint[]と指定して変数を作成した場合、変数の型はint[]で、中の要素がint型になります。

複数の値をまとめたものが「配列」　個々の値が「要素」
変数　値a　値b　値c

配列内の要素を利用するときは、<u>変数名のあとに角カッコで囲んで数値を書きます</u>。この数値を「インデックス（添え字）」と呼びます。

インデックスには整数を使用するので、整数が入った変数、整数の結果を返す式や関数なども使えます。ふりがなではそのまま「整数0」や「変数idx」のように書き、読み下し文では「要素0」や「要素idx」と書いて、配列を利用していることが伝わるようにします。

配列を作って利用する

配列を作って「東、西、南、北」という4つの文字列を記憶し、その中から1つ表示しましょう。

■Chap3_6_1.cs

```
7  string[] dirs = { "東","西","南","北" };
8  Debug.Log( dirs[1] );
```

先ほど説明したように、2行目の整数1は要素1と読み下します。

読み下し文

7 配列{文字列「東」, 文字列「西」, 文字列「南」, 文字列「北」}を、string[]型で作成した変数dirsに入れろ。

8 変数dirsの要素1を表示しろ。

スクリプトを実行すると、「西」と表示されます。配列のインデックスは0か

ら数え始めるので、要素1は「西」になるのです。

配列の要素を書き替える

配列に記憶した要素を、個別に書き替えることもできます。角カッコとインデックスで書き替える要素を指定し、=演算子を使って新しい値を記憶します。要素の扱い方は単独の変数とほぼ同じです。

■ Chap3_6_2.cs

```
7  string[] dirs = { "東","西","南","北" };
8  dirs[0] = "真東";
9  Debug.Log( string.Join( " ", dirs ) );
```

読み下し文

7 配列 {文字列「東」, 文字列「西」, 文字列「南」, 文字列「北」} を、string[]型で作成した変数dirsに入れろ。

8 文字列「真東」を変数dirsの要素0に入れろ。

9 文字列「 」と変数dirsを指定して配列連結した結果を表示しろ。

スクリプトを実行すると、要素0が「東」から「真東」に変わっていることが確認できます。

結果を表示する9行目で使用している<u>string.Join（ストリング・ジョイン）メソッド</u>は、string[]型の配列のすべての要素を連結した文字列を返します。1つ目の引数に区切り文字、2つ目の引数に配列を指定します。今回は区切り文字を半角スペース1つにしたので、結果は半角スペースで区切られた文字列になります。

ちなみにC#の配列は、作成したあとで要素数を増やしたり減らしたりすることはできない。他のプログラミング言語の経験がある人は勘違いしないよう注意してね

要素を入れずに配列を作成する

配列を作成する時点で、中に入れるものが決まっていないことがあります。その場合は次のように**new（ニュー）演算子を使い、要素数だけが決まっている配列を作って**変数に入れます。中身が入っていない棚を作るイメージです。中のデータは後から入れていきます。

■ Chap3_6_3.cs

```
7  string[] dirs = new string[4];
8  dirs[0] = "東";
9  dirs[1] = "西";
```

7: string[]型 / 変数dirs 入れろ 新規作成 要素数4のstring[]型
8: 変数dirs 整数0 入れろ 文字列「東」
9: 変数dirs 整数1 入れろ 文字列「西」

読み下し文

7 要素数4のstring[]型を新規作成し、string[]型で作成した変数dirsに入れろ。

8 文字列「東」を変数dirsの要素0に入れろ。

9 文字列「西」を変数dirsの要素1に入れろ。

new演算子はクラスからインスタンスを作るためのもので、配列の作成以外にもさまざまな状況で使われます。これについてはまた改めて説明します。

NO 07 配列の内容を繰り返し文を使って表示する

配列とfor文を組み合わせた使い方を教えるよ。書き方は難しくないけど2パターンあるんだ

foreach文で配列を利用する

foreach文は<u>配列から1要素ずつ順番に取り出して繰り返し</u>できる文です。それを利用して「東方向〜北方向」を表示してみましょう。foreach文のカッコの中に「変数 in 配列」と書きます。

■Chap3_7_1.cs

```
       string[]型       変数dirs 入れろ     文字列「東」文字列「西」文字列「南」文字列「北」
7  string[] dirs = { "東","西","南","北" };
       1つずつ入れる間    string型  変数d 内  変数dirs     以下を繰り返せ
8  foreach(string d in dirs) {
               デバッグ機能  表示しろ   変数d 連結  文字列「方向」
9      Debug.Log( d + "方向" );
   ブロック終了
   }
```

読み下し文

7　配列 {文字列「東」, 文字列「西」, 文字列「南」, 文字列「北」} を、string[]型で作成した変数dirsに入れろ。

8　変数dirs内の要素を1つずつstring型の変数dに入れる間、以下を繰り返せ

9　{　変数dと文字列「方向」を連結した結果を表示しろ。　}

配列から取り出した東〜北を文字列「方向」と連結して表示しています。

for文を使ってインデックスを指定する

同様の処理はfor文を使ってもできます。for文で作った連続した数値を、配列のインデックスとして使うのです。

■Chap3_7_2.cs

```
7  string[] dirs = { "東","西","南","北" };
8  for(int cnt = 0; cnt < 4; cnt++) {
9      Debug.Log(dirs[cnt] + "方向");
   }
```

読み下し文

7 配列 {文字列「東」, 文字列「西」, 文字列「南」, 文字列「北」} を、string[]型で作成した変数dirsに入れろ。

8 変数cntを整数0で初期化し、継続条件「変数cntが整数4より小さい」が真の間、以下を繰り返せ

9 { 変数dirsの要素cntと文字列「方向」を連結した結果を表示しろ。 }変数cntを1増やす。

スクリプトの実行結果は同じです。要素数に合わせるのが少し面倒ですが、for文が変数（上の例ではcnt）に入れる数値を他の目的でも使えるというメリットがあります。

NO 08 総当たり戦の表を作ろう

繰り返し文の総まとめとして、総当たり戦の表を作ってみよう

総当たり戦って、全チームが対戦する方式ですよね

そうそれ。面倒だからスクリプトにやってもらおう

単純にすべての組み合わせを並べる

　総当たり戦とは、「A vs B」「A vs C」という組み合わせを作っていくことです。単純に考えれば、九九の計算と同じような多重ループで作れるはずです。今回はA〜Dの4つのチームがあるとして、それらの名前を配列にして変数teamに入れておきます。そして二重のforeach文で、配列から名前を順番に取り出し、2つのチーム名を組み合わせて表示していきます。

■Chap3_8_1.cs

```
7   string[] team = { "A", "B", "C", "D" };
8   foreach(string t1 in team) {
9       foreach(string t2 in team) {
10          Debug.Log( t1 + "vs" + t2 );
        }
```

> **ブロック終了**
> ```
> }
> ```

読み下し文

> 7 　配列 {文字列「A」, 文字列「B」, 文字列「C」, 文字列「D」} を、string[]型で作成した変数teamに入れろ。
> 8 　変数team内の要素を1つずつstring型の変数t1に入れる間、以下を繰り返せ
> 9 　{　変数team内の要素を1つずつstring型の変数t2に入れる間、以下を繰り返せ
> 10 　　{　変数t1と文字列「vs」と変数t2を連結した結果を表示しろ。　}
> 　}

スクリプトを実行してみましょう。

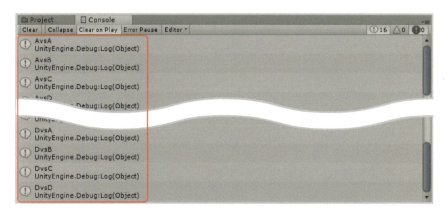

あ、同じチーム同士の試合ができちゃってますよ。「A vs A」とか「B vs B」とか

単純に同じものを組み合わせてるからそうなるよね。どうしたらいいと思う?

if文で同じチーム同士なら表示しないことにしたらどうでしょう?

内側のfor文のブロック内にif文を書き、チーム名が等しくないときだけ表示するようにします。等しくないことを判定するときは、!=演算子を使います。

■Chap3_8_2.cs

```
7   string[] team = { "A", "B", "C", "D" };
8   foreach(string t1 in team) {
9       foreach(string t2 in team) {
10          if( t1 != t2 ) {
11              Debug.Log( t1 + "vs" + t2 );
            }
        }
    }
```

読み下し文

7	配列 {文字列「A」, 文字列「B」, 文字列「C」, 文字列「D」} を、string[]型で作成した変数teamに入れろ。
8	変数team内の要素を1つずつstring型の変数t1に入れる間、以下を繰り返せ
9	{ 変数team内の要素を1つずつstring型の変数t2に入れる間、以下を繰り返せ
10	{ もしも「変数t1と変数t2が等しくない」が真なら以下を実行せよ
11	{ 変数t1と文字列「vs」と変数t2を連結した結果を表示しろ。 }
	}
	}

できましたね！

同じ組み合わせを省くには

総当たり戦から「A vs B」と「B vs A」のような組み合わせを省きたい場合、内側のforeach文をfor文に変え、内側の繰り返しの初期値をずらすようにします。なぜこれでうまくいくのか、繰り返し中の変数の中身を追いながら考えてみてくださいね。

■ Chap3_8_3.cs

```
7   string[] team = { "A", "B", "C", "D" };
8   int start = 1;
9   foreach (string t1 in team) {
10      for (int cnt = start; cnt < 4; cnt++) {
11          Debug.Log(t1 + "vs" + team[cnt]);
        }
12      start++;
    }
```

NO 09 エラーメッセージを読み解こう③

繰り返し文の条件を間違えると、いつまで経っても終わらなくなる場合があるんだよ。そういう無限に続く繰り返し文を「無限ループ」というんだ

無限ループ！日常会話でも聞く言葉ですね

無限ループを止める

次のスクリプトは「変数sumvが0以上である限り」繰り返します。ところがブロック内で変数sumvに1ずつ足しているので、変数sumvが0より小さくなることはありません。いつまでも継続条件の「sumv>=0」はtrueのままです。

■ Chap3_9_1.cs

```
     int型    変数sumv 入れろ 整数0
7    int sumv = 0;
     真である限り   変数sumv  以上 数値0      以下を繰り返せ
8    while( sumv >= 0 ) {
            変数sumv 入れろ 変数sumv 足す 整数1
9        sumv = sumv + 1;
     ブロック終了
     }
```

読み下し文

7　整数0を、int型で作成した変数sumvに入れろ。

8　「変数sumvが整数0以上」が真である限り、以下を繰り返せ

9　{　変数sumvに整数1を足した結果を変数sumvに入れろ。　}

Unityの場合、無限ループになるスクリプトを動かしても、少し挙動が重くなるぐらいで大きな影響はないように見えます。しかし問題がないわけではないので、ゲームオブジェクトからコンポーネントごと削除しておきましょう。

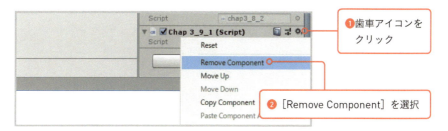

❶ 歯車アイコンをクリック

❷ [Remove Component] を選択

配列の上限を超えた場合

配列は作成後に要素数を増やすことはできません。例えば4つの要素を持つ配列に対して、5つ目の要素にアクセスしようとするとエラーが発生します。

■ エラーメッセージ

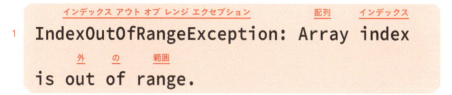

インデックス アウト オブ レンジ エクセプション　　　配列　　インデックス

1 IndexOutOfRangeException: Array index

　　　　　外　　の　　　範囲
is out of range.

読み下し文

1 **インデックスアウトオブレンジエクセプション：配列のインデックスが範囲外。**

メッセージの前の「IndexOutOfRangeException」はエラーの名前です。Exception（例外）は、スクリプトの実行中に発生した問題を指します。これまで紹介してきたようなスクリプトの入力ミスによるエラーではないので、動かしてみないとエラーに気付けません。

NO 10　復習ドリル

問題1：東西南北を表示するプログラムを書く

以下の読み下し文を読んで、松竹梅を表示するプログラムを書いてください。
ヒント：Chap3-7-1.js

読み下し文

7　配列 {文字列「松」, 文字列「竹」, 文字列「梅」} を、string[]型で作成した変数gradeに入れろ。

8　変数grade内の要素を1つずつstring型の変数gに入れる間、以下を繰り返せ

9　{　変数gを表示しろ。　}

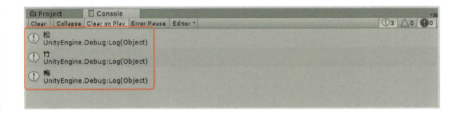

「東西南北」を表示する代わりに「松竹梅」にするんですね

そのとおり。ちょっと書き替えるだけだよ

問題2：曜日を逆順に表示するプログラムを書く

以下の読み下し文を読んで、北方向〜東方向を表示するプログラムを書いてください。配列には「東、西、南、北」の順番に格納されているものとします。

ヒント：Chap3-7-2.jsにChap3-4-1.jsを組み合わせる

読み下し文

7　配列 {文字列「東」, 文字列「西」, 文字列「南」, 文字列「北」} を、string[]型で作成した変数dirsに入れろ。

8　変数cntを整数3で初期化し、継続条件「変数cntが整数0以上」が真の間、以下を繰り返せ

9　{　変数dirsの要素cntと文字列「方向」を連結した結果を表示しろ。　} 変数cntを1減らす。

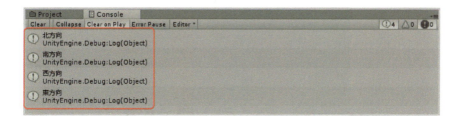

Visual Studioに切り替えたときに「ファイル変更の検出」が表示される

UnityエディタからVisual Studioに切り替えたときに、次のようなメッセージが表示されることがあります。これはUnityエディタ側でスクリプトに対して何らかの設定変更をしたときに表示されるもので、特に問題はありません。[再読み込み] をクリックして作業を続行してください。

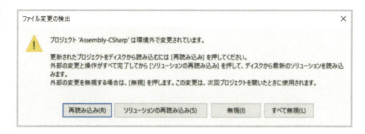

解答1

解答例は次のとおりです。

■Chap3_10_1.cs

```
7  string[] grade = { "松", "竹", "梅" };
8  foreach(string g in grade) {
9      Debug.Log( g );
   }
```

解答2

解答例は次のとおりです。

■Chap3_10_2.cs

```
7  string[] dirs = { "東","西","南","北" };
8  for(int cnt = 3; cnt >= 0; cnt--) {
9      Debug.Log(dirs[cnt] + "方向");
   }
```

Unity C#
FURIGANA PROGRAMMING

Chapter

ゲームオブジェクト
を動かそう

NO 01 ゲームオブジェクト、コンポーネント、クラス

ようやく、ここからゲーム作りですね!

でも、その前にゲームオブジェクトとコンポーネント、そしてクラスの関係について整理しておこう

まだまだお勉強することがあるんですね……

ゲームオブジェクトとスクリプトの関係を復習する

　ここまでに何度も<u>ゲームオブジェクトにスクリプトのコンポーネントを追加する操作</u>をしてきました。それぞれの関係をもう一度図で表してみましょう。シーン上に配置したゲームオブジェクトに対し、コンポーネントを追加して機能を追加します。コンポーネントの一種にスクリプトのコンポーネントがあり、それを利用してC#のスクリプトと関連付けます。

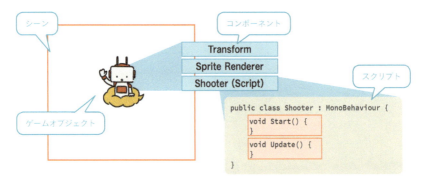

　ゲームを作るときも基本的なやり方は同じです。シーン上に主人公のキャラクターや、敵キャラクター、アイテムのキャラクターなどのゲームオブジェクトを配置していき、それらにスクリプトのコンポーネントを追加して、どう動かすかを書いていきます。

最初からある2つのメソッドの役割

作成したスクリプトには、void Start()とvoid Update()という2つのメソッドのブロックがあらかじめ用意されていました。これは新しいメソッドを作るための書き方です。void（ボイド）は「戻り値なし」、Startのあとのカッコは「引数なし」を意味し、「引数も戻り値もないStartメソッドを作る」という意味になります。

```
戻り値なし Startという名前 引数なし
void Start () {

    Startメソッドの内容を書くところ

ブロック終了
}
```

メソッドは作っただけでは意味がなく、呼び出さなければ実行されません。しかし、スクリプトの中にStart（スタート）メソッドやUpdate（アップデート）メソッドの呼び出しは書かれていません。実はこれらのメソッドは、Unityのシステム（Unityで作成したゲームのメインプログラム）から自動的に呼び出されています。

ゲームオブジェクトがシーンに出現したとき　　出現後、一定期間ごとに繰り返して

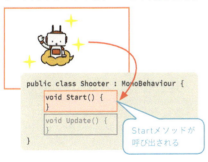

Startメソッドはゲームオブジェクト出現時に1回だけ呼び出されるので、キャラクターの初期化処理を書くために使います。Updateメソッドは一定期間ごとに繰り返し呼び出されるので、ゲーム実行中にキャラクターを動かす処理などを書くために使います。

> 一定期間ごとってどれぐらいですか？

> ゲームを実行する環境によって変わるけど、速いときは1秒間に60回は呼び出されるよ

クラスの作り方を見直してみよう

ここまであと回しにしてきたクラスを作る部分を見直してみましょう。クラスというのは、Unityに限っていえば、<u>特定のゲームオブジェクトの挙動をまとめて書くためのもの</u>です。StartメソッドとUpdateメソッド以外にもさまざまなメソッドがあり、出現時、更新時、衝突時などの処理を書くことができます。

```
パブリック設定  クラス作成  Shooterという名前 継承  MonoBehaviourクラス
public class Shooter : MonoBehaviour {
ブロック終了
}
```

クラス名（ここではShooter）のあとの「: (コロン)」は、継承（Inheritance）という機能を表しています。「××:○○」と書いた場合は、「○○クラスを継承した××という名前のクラス」という意味になります。これまで作ってきたスクリプトは必ず「:MonoBehaviour」と書いていましたから、<u>MonoBehaviour（モノビヘイビア）クラスを継承していた</u>わけです。

読み下し文

MonoBehaviourクラスを継承した「Shooter」という名前のパブリック設定のクラスを作成せよ {

}

継承というのは、<u>これから記述するクラスが何者なのかという「素性」を指定するためのしくみ</u>です。例えばMonoBehaviourクラスを継承したクラスは、MonoBehaviourクラスとしてふるまえます。つまり、コンポーネントとしてゲームオブジェクトに関連付けることができ、必要なタイミングでUnityのシステ

ムから呼び出されるようになります。

つまり「柴犬」とか「チワワ」とかいろんな犬種があるけど、それらの素性はすべて「犬」だから、「犬としてふるまうし、犬として扱えるよ」という話だね。わかった？

どっちかといえばわからないです……

とりあえず、「MonoBehaviourクラスを継承するから、StartメソッドやUpdateメソッドが自動的に呼び出されるようになるんだ」とだけ覚えておこうか

　MonoBehaviourクラスを継承したクラスは、さまざまなメソッドやプロパティ（145ページ参照）を受け継ぎます。例えばゲームオブジェクトを移動するときに使うtransformプロパティや、ゲームオブジェクトを複製するInstantiateメソッドなどです。Chapter 4とChapter 5では主にこれらの使い方を説明していきます。

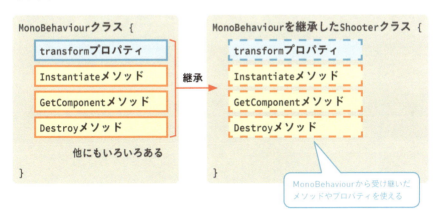

　ちなみに、ゲームオブジェクトの挙動を書くStartメソッドやUpdateメソッドなどは、C#が持つ継承などのしくみではなく、Unity独自のしくみで呼び出されています。Unityではこれらのメソッドを「メッセージ」とも呼びます（210ページ参照）。

NO 02　スマートフォン向けの画面にする

新しいプロジェクトを作ってゲーム作りをはじめよう

イマドキだとスマートフォンで遊ぶゲームにしたいですね

それならひとまずスマートフォンの画面サイズに合わせたゲームを作ってみようか

プロジェクトを作成する

　Unityのホーム画面で［New］をクリックしてプロジェクトを作成しましょう。Unityエディタが起動している状態なら［File］-［New Project］を選択してください。これまでと同じく2Dのプロジェクトを作成します。

　ここでは「furiCSharpGame」という名前にしていますが、好きなものに変えてもかまいません。

スマートフォンの画面サイズに合わせる

Chapter 3までに作ってきたのは「パソコンで動く2Dゲーム用のプロジェクト」でした。スマートフォンで遊べるゲームを作る場合はいくつかの設定が必要になりますし、実機でテストするための環境も必要です。本書はC#の学習がメインなので、「スマートフォンの画面サイズに合わせた、パソコンで動く2Dゲーム」を作ることにしましょう。次のように画面サイズを設定してください。

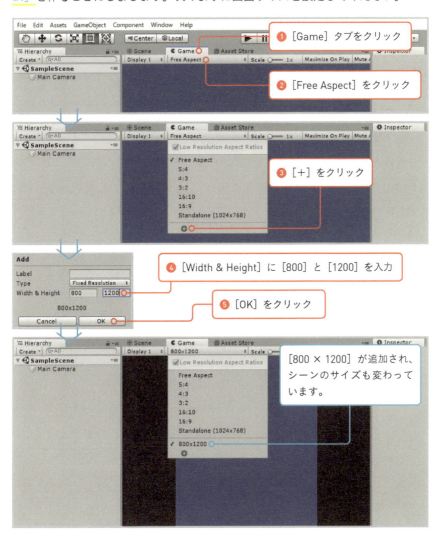

NO 03 ゲームで使用する画像を用意する

ゲームで使う画像を用意してあるから、それをプロジェクトに取り込もう

[Assets] フォルダ内に画像用のフォルダを作成する

ゲームで使用するファイル類は [Project] ウィンドウに表示されている [Assets] フォルダの中にまとめます。Assets（アセッツ）は「資産」という意味です。[Assets] フォルダの中には画像以外にもスクリプトなどさまざまなファイルが入るので、画像用のフォルダを作って整理しましょう。

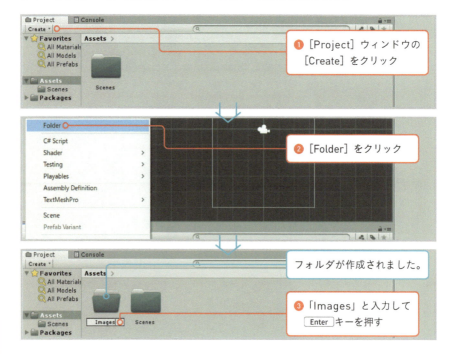

❶ [Project] ウィンドウの [Create] をクリック

❷ [Folder] をクリック

フォルダが作成されました。

❸ 「Images」と入力して Enter キーを押す

フォルダが作成できたら、ダブルクリックしてその中を表示します。

画像ファイルを取り込む

ゲームで使用する画像ファイルはサンプルのダウンロードファイル（215ページ参照）に含まれているので、展開しておいてください。それを［Project］ウィンドウに表示した［Images］フォルダの中にドラッグ&ドロップします。

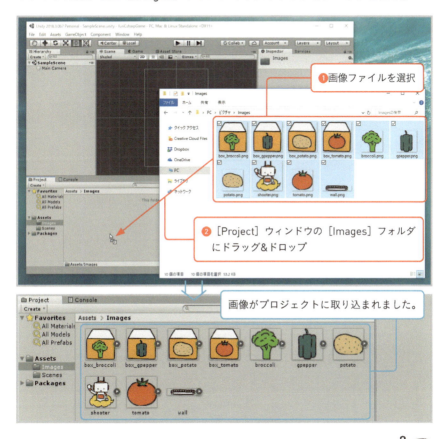

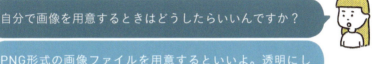

自分で画像を用意するときはどうしたらいいんですか？

PNG形式の画像ファイルを用意するといいよ。透明にしたいところはグラフィックスソフトで抜いておこう

NO 04 プレイヤーキャラクターを左右に動かす

それじゃ「野菜投げ入れゲーム（？）」を作っていこう。雲の上から地上の箱を目がけて野菜を投げ入れるよ

ちょっと乱暴ですねー。箱に入らなかった野菜はどうするんですか！

「野菜投げ入れゲーム」のイメージ

ここからはスクリプトを書いてゲームを少しずつ作っていきます。先にゲームの完成イメージを確認しておきましょう。

ゲームの目的は、画面上部を左右に移動しているロボットに野菜を投げさせて、画面下にある箱に入れていくことです。野菜は4種類、箱も4種類あり、種類が合うと点数が増えます。ただし、真ん中でグルグル回っている壁がジャマするので、簡単には入りません。

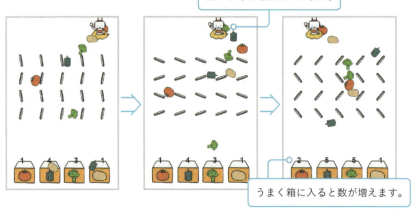

上から野菜を投げ入れます。

うまく箱に入ると数が増えます。

プレイヤーの操作はゲーム画面のどこかをクリックして野菜を落とすことだけなので、<u>クッキークリッカー型ゲーム</u>の一種ともいえますね。

プレイヤーキャラクターを出現させる

まずはプレイヤーのキャラクターを画面上部に出現させましょう。新しいゲームオブジェクトを作成します。これまでは［Create Empty］を選択していましたが、今回は2D Objectの [Sprite（スプライト）] を選択します。Spriteは「妖精」という意味で、2Dアクションゲームで画面上を動き回るキャラクターを指す用語です。

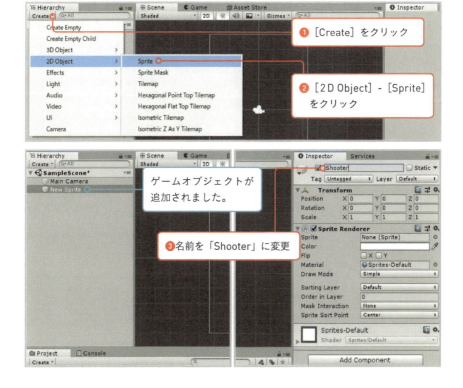

［Inspector］ウィンドウで「Shooter（シューター）」という名前を付けます。ここで［Inspector］ウィンドウをよく見てください。[Create Empty] を選んだときにはなかった、SpriteRenderer（スプライトレンダラー）コンポーネントが追加されています。このコンポーネントが画像を表示する働きをします。

SpriteRendererコンポーネントの［Sprite］のアイコンをクリックすると、表示する画像を選ぶことができます。

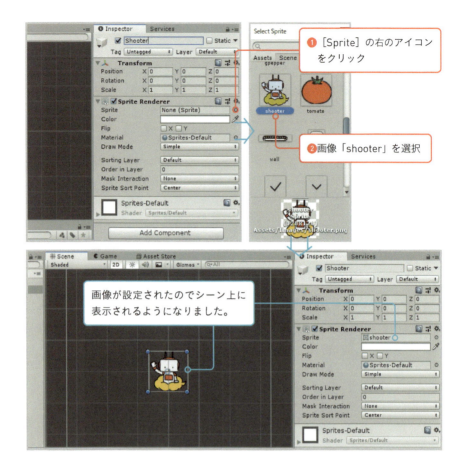

シーン上で拡大縮小、スクロールする

シーン上で作業しやすいよう、表示倍率などを調整しましょう。[Scene] ビュー上でマウスのホイールを回すと、画面表示を拡大縮小できます。また、マウスの右ボタンを押している間はハンドツールに切り替わり、右ボタンを押したままドラッグして画面をスクロールすることができます。

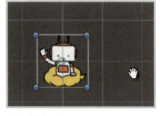

ハンドツール

座標を指定してShooterを移動する

Shooterは上から野菜を投げ落とす設定なので、画面上部に移動しましょう。[Inspector] ウィンドウでTransform（トランスフォーム）コンポーネントの[Position] の [Y] を4にしてください。

❶ [Transform] の [Position] を「Y：4」に設定

Shooter が画面上部に移動します。

Transformはすべてのゲームオブジェクトが必ず持っているコンポーネントで、ゲームオブジェクトの位置、回転角度、拡大縮小率を表しています。Transformは直訳すると「変形」で、コンピュータグラフィックスでは移動量などを変形行列（Transform Matrix）に記録して扱うことに由来しています。

位置（Position）を図で表すと右のようになります。画面中央の座標が（0, 0）で、上と右に向かってx座標とy座標が増えていきます。

ちなみに今回は（-2.5, -5）～（2.5, 5）が画面の範囲となっていますが、これは画面サイズやカメラの設定によって変わります。変わらないのは中央が（0, 0）で上と右方向に増えるという点だけです。

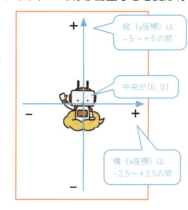

縦（y座標）は−5～＋5の間

中央が(0, 0)

横（x座標）は−2.5～＋2.5の間

スクリプトを使ってShooterを動かす

次はスクリプトを使ってShooterを動かしてみましょう。スクリプトで動かす場合はTransformクラスを使います。Transformクラスを通してゲームオブジ

ェクトのTransformコンポーネントを操作できるのです。

[Add Component] をクリックして、新たにShooter.csというスクリプトを作成します。

❶Shooter.csを作成

Shooter.csを開いて次のように入力してください。ShooterクラスにはStartメソッドはいらないので削除します。

■ Shooter.cs

```
     パブリック設定  クラス作成  Shooterという名前  継承      MonoBehaviourクラス
5    public class Shooter : MonoBehaviour {
         float型    変数move 入れろ 実数0.05f
6        float move = 0.05f;
         戻り値なし Updateという名前 引数なし
7        void Update () {
                    Vector3型       変数pos 入れろ      変形設定         位置情報
8            Vector3 pos = transform.position;
             変数pos x座標 足して入れろ 変数move
9            pos.x += move;
                    変形設定           位置情報       入れろ 変数pos
10           transform.position = pos;
         ブロック終了
         }
     ブロック終了
     }
```

6行目のfloat（フロート）型はChapter 1で軽く紹介したのですが（56ページ参照）、覚えていますか？　double型と同じ実数のための型でデータ量は半分になります。また、float型の数値を書くときは末尾に「f」を付けます。

読み下し文

5　MonoBehaviourクラスを継承した「Shooter」という名前のパブリック設定のクラスを作成せよ {

6　　実数0.05fを、float型で作成した変数moveに入れろ。

7　　戻り値なし、引数なしで「Update」という名前のメソッドを作成せよ {

8　　　変形設定の位置情報を、Vector3型で作成した変数posに入れろ。

9　　　変数posのx座標に変数moveを足して入れろ。

10　　　変数posを、変形設定の位置情報に入れろ。

　　}

}

ゲームを実行すると、Shooterが右に移動してやがて画面から飛び出します。

読み下し文から、Updateメソッドの中でx座標に変数moveの値を少しずつ足しているので右に移動したのかなということは何となく予想できると思いますが、上から順番に説明していきましょう。

Shooterクラスのブロック直下の6行目ではUpdateメソッドのブロックの外でfloat型の変数moveを作成しています。ここにはUpdateメソッド1回分のShooterの移動量（0.05f）を入れておきます。パブリック変数の作り方に似ていますが、「public」が付いていません。これはフィールド変数と呼ばれるもので、メソッド内で作成した変数より寿命が長くなり、関連付けたゲームオブジェクトが存在する間、データを保持し続けます。

変数を作るだけなのにいきなり難しいんですが……

メソッドのブロック内で作成した変数は、メソッドのブロックを出るときに消滅するんだ。もっと長い寿命が必要ならフィールド変数を使うことになるんだよ

なんでそんな面倒くさいルールなんですか？

でもちょっとしか使わない変数がずっと残っていたら、メモリの無駄だよね。だから長く残す必要があるデータだけをフィールド変数にする決まりになっているんだ

Vector3構造体とtransformプロパティ

8行目では、<u>Shooterの現在の位置を取り出して変数posに入れています</u>。たった1行ですが、まだ説明していない新しい概念がいくつか隠れています。

まず、データの構造に注目して図で表してみましょう。

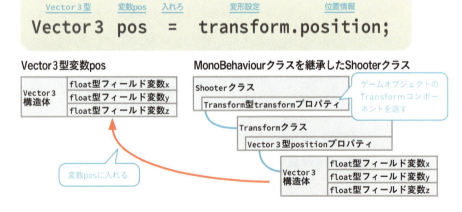

<u>Vector3（ベクタースリー）</u>はx、y、zの3つのfloat型のフィールド変数を持つ構造体です。構造体（struct＝ストラクト）はクラス（class）とかなり似たものなので、とりあえず同じだと思ってください。x、y、zから想像できるように、Vector3構造体は3次元の座標を記録することができます。

図に「Vector3構造体」と「Vector3型」がありますけど、Vector3って構造体と型のどっちなんですか？ 誤植？

どっちも正しいよ。構造体やクラスは、新しい「型」を作るためのしくみなんだ

intやfloatなどの組み込み型は1つの型に1つのデータしか入れられませんが、構造体やクラスで作った型はたいていフィールド変数を持ち、複数のデータを入れることができます。フィールド変数を利用したいときは、「.（ドット）」演算子を使って「pos.x」のように書きます。

変数のように使えるけれどちょっと違うプロパティ

　右辺にある「transform（トランスフォーム）」は、ShooterクラスがMonoBehaviourクラスから継承したプロパティです。プロパティはフィールド変数と同じように扱えるので、とりあえず同じようなものと思ってもかまいません。ただし、代入（set）や取得（get）のときに特別な処理が実行されます。transformプロパティの場合は次のような処理が行われます。

ゲームオブジェクトのTransformコンポーネントを返す transformプロパティ このプロパティは代入禁止（読み取り専用）なので代入しようとするとエラーにする

読み取り専用というのは、「transform = ○○」って書くとエラーってことですか？

そういうこと。プロパティとフィールド変数の大きな違いは、読み取り専用にしたり、設定前に値をチェックしたりといった処理ができることなんだ

変数に管理機能が付いた感じ？　とりあえず「使い方はフィールド変数と同じ」って覚えておきますね

　構造体とプロパティが理解できると、この部分の意味はそう難しくはありません。transformプロパティ（変形設定）からpositionプロパティ（位置情報）を取り出し、positionプロパティの情報を丸ごと変数posにコピーしているのです。これでShooterの現在位置が取得できます。
　9行目から先は読み下し文の通りです。Updateメソッドが1秒間に何度も呼び出される中でx座標の値が少しずつ増えていくので、Shooterは少しずつ右へ移動していきます。

画面の端に来たら折り返す

　Shooterが画面の端から出て行ってしまったままではゲームにならないので、端まで行ったら折り返して戻ってくるようにしましょう。Shooterクラスの Updateメソッドに次のように追加してください。

■ Shooter.cs

```
 8  Vector3 pos = transform.position;
 9  pos.x += move;
10  if( pos.x < -2.5f ) {
11      move = 0.05f;
    }
12  if( pos.x > 2.5f ) {
13      move = -0.05f;
    }
14  transform.position = pos;
```

行8: `Vector3型` `変数pos` `入れろ` `変形設定` `位置情報`
行9: `変数pos` `x座標` `足して入れろ` `変数move`
行10: `もしも` `変数pos` `x座標` `小さい` `実数-2.5f` `真なら以下を実行せよ`
行11: `変数move` `入れろ` `実数0.05f`
ブロック終了
行12: `もしも` `変数pos` `x座標` `大きい` `実数2.5f` `真なら以下を実行せよ`
行13: `変数move` `入れろ` `実数-0.05f`
ブロック終了
行14: `変形設定` `位置情報` `入れろ` `変数pos`

読み下し文

8　変形設定の位置情報を、Vector3型で作成した変数posに入れろ。

9　変数posのx座標に変数moveを足して入れろ。

10　もしも「変数posのx座標が-2.5fより小さい」が真なら以下を実行せよ

11　{　実数0.05fを変数moveに入れろ。 }

12	もしも「変数posのx座標が2.5fより大きい」が真なら以下を実行せよ
13	{　実数-0.05fを変数moveに入れろ。}
14	変数posを、変形設定の位置情報に入れろ。

　Chapter 2で何度も書いたif文ですね。-2.5と2.5は画面の端を表しています。ですから、そこまで行ったらmoveの正と負を反転します。これが画面の端で移動方向を変えるしくみです。変数moveはゲームの実行中に変化するので、フィールド変数にする必要があったのです。

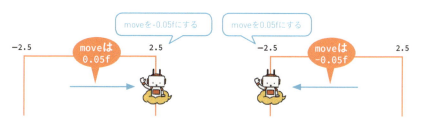

実行するとShooterは左右に行ったり来たりします。

キャラクターの移動処理は、Chapter 3-2のwhile文を使った繰り返し文で変数の中身を徐々に減らしていく例とよく似ている。Updateメソッドも繰り返し呼び出されるから、位置が徐々に変化するんだ

繰り返し文のブロックの中を抜き出して、Updateメソッドの中に書くイメージでしょうか

そう、繰り返しの1回分を切り取って書くってことだ。それがうまくイメージできると、移動処理も理解できる

ちょっと自信ないのでChapter 3-2を見返してきます……

NO 05 野菜を下に落とす

続いて野菜を空から落とす部分を作っていこう

またスクリプトを書いて動かすんですか？

いや、重力にしたがって落とすだけなら、既存のコンポーネントを追加するだけでできるんだ

「自然な動き」を表現するRigidbody 2Dコンポーネント

　Unityではコンポーネントを追加するだけでできることがたくさんあります。むしろ、何でも自前のスクリプトで書くより、なるべくコンポーネントにまかせたほうが安定して動くゲームになります。

　物体を上から下へ、つまり重力にしたがって落とす場合は、<u>Rigidbody 2D（リジッドボディ・ツーディ）コンポーネント</u>を使います。このコンポーネントを追加したゲームオブジェクトは、重力で落ちるだけでなく、障害物に当たると跳ね返ります。要するに、<u>物理法則に則った動き</u>をするようになるのです。Unityで自然な動きをするゲームを作るときは、たいてい使われているコンポーネントです。

　ちなみに、Rigidbodyを日本語では「剛体（ごうたい）」と呼び、いくら力を加えても変形しない物体を指します。自然には完全な剛体はありませんが、計算処理を軽減するためにゲームでは剛体を前提とした物理演算（物理現象を再現する計算）が使われます。

剛体……。物理演算……。超難しそうな予感！

野菜のゲームオブジェクトを作成する

　このゲームでは大量の野菜を落とすことになりますが、まずは1つだけ作りま

しょう。Shooterのときと同じようにSpriteのゲームオブジェクトを作成し、tomatoの画像を設定します（140ページ参照）。

[Add Component] をクリックして、Rigidbody2Dコンポーネントを追加します。このコンポーネントは「Physics 2D」というカテゴリーにあります。Physics（フィジックス）とは「物理」のことです。

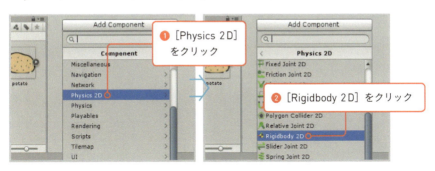

Vegetable（ベジタブル）にRigidbody2Dコンポーネントが追加されました。重力の度合い（Gravity Scale）や質量（Mass）などいろいろな設定があるのですが、今回は初期設定のままで使います。

これで準備は完了です。ゲームを実行してみましょう。重力にひかれて野菜が下に落ちていきますね。

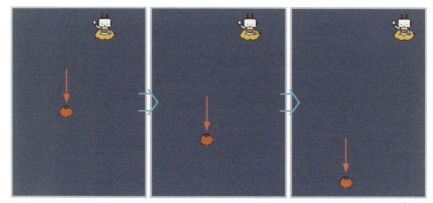

身構えてたんですが拍子抜けするぐらい簡単ですね！

使うだけならそんなに難しくないんだよ。Unityではスクリプトも当然重要なんだけど、コンポーネントを使いこなすことも同じぐらい大事なんだ

ゲームの背景色を変更する

次に進む前に、ゲームの背景色を濃紺から白に変更しておきましょう。背景色を変更するには、カメラのゲームオブジェクトを使います。

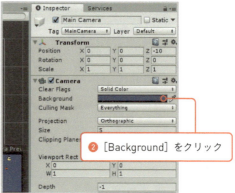

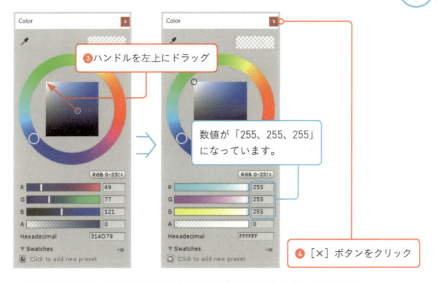

これで次にゲームを実行したときは、背景が白色になっています。

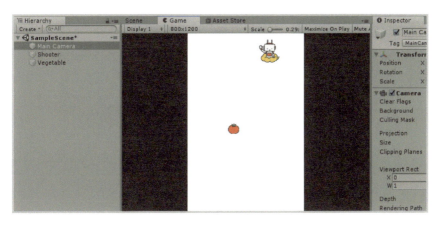

［Color］ダイアログボックス

背景色の設定に使った［Color］ダイアログボックスは、テキスト色など、色を設定するとき全般で使われます。ダイアログボックス下部のRGBのスライダは光の三原色を表しており、0〜255の数値で色合いを調整します。Aのスライダは透明度です。

NO 06 4種類の野菜のプレハブを作る

 このゲームでは4種類の野菜が出てくるので、4つのプレハブを作ろう

 プレハブ？ 家でも建てるんですか？

 プレハブはゲームオブジェクトを量産するしくみなんだ

プレハブを使ってゲームオブジェクトを量産する

　今回のゲームでは4種類の野菜が大量に出現します。ゲームオブジェクトを大量に出現させるにはプレハブ（Prefab）を使います。プレハブを利用すると、1つのゲームオブジェクトを原型として、複製のゲームオブジェクトを大量に作ることができます。原型となるゲームオブジェクトを「プレハブ」または「プレハブアセット」、複製のことを「インスタンス（Instance）」と呼びます。

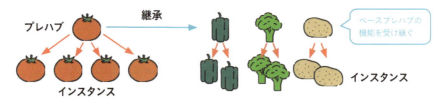

　プレハブの便利なところは、プレハブに対する変更がすべてのインスタンスに反映されるという点です。大量のゲームオブジェクトを1つずつ変更するのは大変ですが、プレハブなら1つ変更するだけで済みます。
　プレハブには「継承」する機能もあります。C#のクラスの継承と同じく、プレハブを継承して少し違うプレハブを作ることができます。

 ちょっと複雑なので、実際に触りながら理解していこうか

プレハブを作成する

　プレハブの作成方法は、[Hierarchy] ウィンドウ内のゲームオブジェクトを、[Project] ウィンドウにドラッグ&ドロップするだけです。

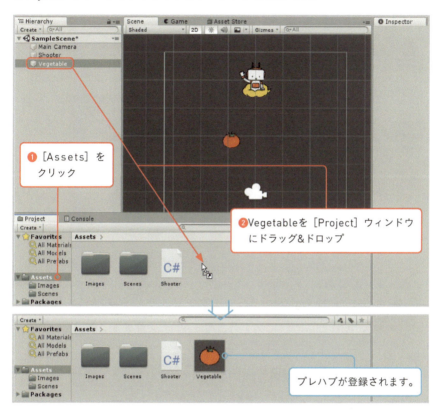

❶ [Assets] を
クリック

❷ Vegetableを [Project] ウィンドウ
にドラッグ&ドロップ

プレハブが登録されます。

　これでVegetableプレハブが作成されました。この段階でシーン上にあるゲームオブジェクトは、プレハブのインスタンスになっています。[Hierarchy] ウィンドウをよく見ると、ゲームオブジェクトのアイコンが青色に変わっています。これがインスタンスの印です。

インスタンスは青色
に変わっています。

プレハブを継承したプレハブを作る

　今回は4種類の野菜のプレハブが必要です。絵柄が異なるプレハブを4種類作りましょう。同じようにゲームオブジェクトを［Project］ウィンドウにドラッグ&ドロップしてください。

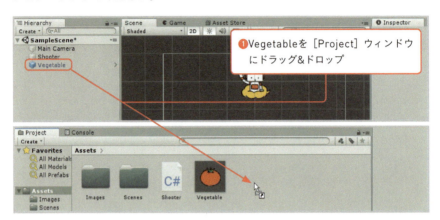

　インスタンスをドラッグ&ドロップした場合、プレハブを新規作成するか、ベースのプレハブを継承したプレハブを作成するかを選択するメッセージが表示されます。今回は継承して作成するので［Prefab Variant］をクリックします。Variant（バリアント）は「わずかに異なるもの」という意味です。

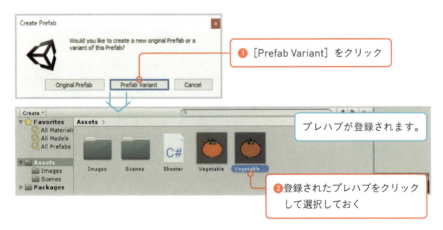

　まったく同じプレハブに見えますが、クリックして［Inspector］ウィンドウに表示すると、名前が「Vegetable Variant」で、［Base］が「Vegetable」とな

っています。Vegetableプレハブを継承しているという意味です。画像を変更したいので［Open Prefab］をクリックします。

プレハブのゲームオブジェクトだけが表示された状態になります。これがプレハブの編集画面です。

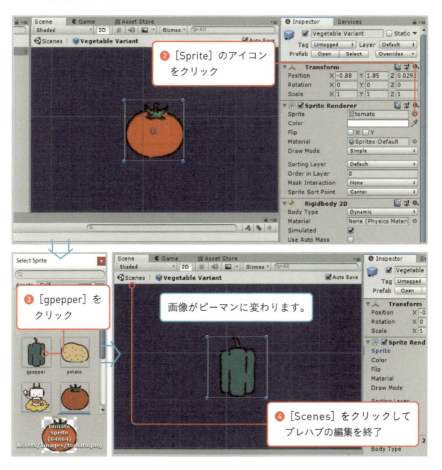

同じようにブロッコリーとジャガイモのプレハブを作成します。

4つのプレハブが登録された状態です。

わかりにくいので、プレハブの名前を「tomato」「gpepper」「broccoli」「potato」に変更しましょう。プレハブを選択してWindowsでは F2 キー、macOSでは return キーを押すと名前を変更できます。

プレハブの名前を変更します。

列挙型を利用して野菜の種類を表す型を作ろう

次は野菜の種類を表すスクリプトを追加しよう

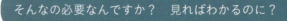
そんなの必要なんですか？　見ればわかるのに？

人間は画像を見ればわかるよね。でも、スクリプト側で判定しやすい情報も必要なんだ

　名前を変えたのでわかりにくいですが、野菜のプレハブのベースになっているのはtomatoプレハブです。tomatoプレハブを選択し、[Inspector]ウィンドウの[Open Prefab]をクリックしてください。

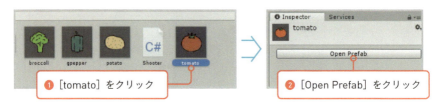

❶ [tomato]をクリック
❷ [Open Prefab]をクリック

tomatoプレハブ編集中の状態で、[Inspector] ウィンドウの [Add Component] をクリックし、スクリプト「Vegetable.cs」を作成します。

❶Vegetable.csを作成

Vegetable.csに次のように入力します。

■ Vegetable.cs

```
5   public class Vegetable : MonoBehaviour {
6       public enum Type {
7           Tomato, Gpepper, Broccoli, Potato
        }
8       public Type type;
    }
```

5: パブリック設定 クラス作成 Vegetableという名前 継承 MonoBehaviourクラス
6: パブリック設定 列挙型作成 Typeという名前
7: メンバーTomato メンバーGpepper メンバーBroccoli メンバーPotato
    ブロック終了
8: パブリック設定 Type型 変数type
    ブロック終了

読み下し文

5: MonoBehaviourクラスを継承した「Vegetable」という名前のパブリック設定のクラスを作成せよ {

6: 「Type」という名前のパブリック設定の列挙型を作成せよ {

7: メンバー「Tomato」, メンバー「Gpepper」, メンバー「Broccoli」, メンバー「Potato」

```
            }
8   パブリック設定でType型の変数「type」を作成しろ。
            }
```

列挙型(れっきょがた)は、野菜の種類のようにいくつかの種類を表す型を作りたいときに使います。ここではTypeという列挙型を作り、その型のパブリック変数typeを作成しています。

```
public enum 列挙型名{ カンマ区切りで名前を並べる }
```

列挙型のパブリック変数は、[Inspector]ウィンドウ上ではリストの形で表示されます。tomatoプレハブでは[Type]で[Tomato]を選びます。選択したら[Scenes]をクリックしてプレハブの編集を終了します。

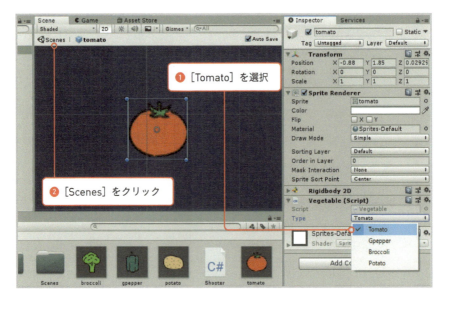

同じように他のプレハブの[Type]も変更していきましょう。他のプレハブはtomatoを継承しているので、Vegetable.csの追加も自動的に引き継がれています。各プレハブの[Open Prefab]をクリックして編集画面を表示し、[Type]を切り替えていきます。

画像と合わせた [Type] を選択していきます。

最後にUnityエディタ上でプレハブからインスタンスを作る方法を確認してみましょう。[Project] ウィンドウのプレハブをシーン上にドラッグ&ドロップします。tomatoプレハブからRigidbody2Dコンポーネントを継承しているので、ゲームを実行するとどのインスタンスも重力で落下します。

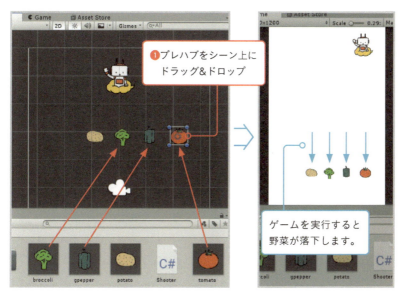

❶プレハブをシーン上にドラッグ&ドロップ

ゲームを実行すると野菜が落下します。

確認が終わったら、シーン上に配置した野菜のインスタンスを選択して削除しておいてください。Windowsでは Delete キー、macOSでは Command + Delete キーで削除できます。

NO 07 画面をクリックしたときに野菜を落とす

次はShooterが野菜を落とすようにしよう

画面をクリックしたときに落とすんですね

野菜の種類はクリックするたびに順番に切り替えることにするよ

Shooterにプレハブを渡す

　Shooterが野菜を落とすためには、Shooterのスクリプト内で野菜のプレハブからインスタンスを作らなければいけません。まずはShooterが野菜のプレハブを利用できるようにしましょう。Shooter.csを開き、プレハブをスクリプトに渡すためのパブリック変数を追加します。

■ Shooter.cs

```
5  public class Shooter : MonoBehaviour {
6      float move = 0.05f;
7      public GameObject[] prefabs
           = new GameObject[4];
8      void Update() {
```

　プレハブやゲームオブジェクトを入れるのはGameObject型の変数です。プレ

ハブは4種類あるので配列にします。配列の中身はUnityエディタ上で設定するので、117ページのコラムで説明した方法で<u>要素数だけが決まっている配列</u>を作成します。

読み下し文

5　MonoBehaviourクラスを継承した「Shooter」という名前のパブリック設定のクラスを作成せよ {

6　実数0.05fを、float型で作成した変数moveに入れろ。

7　要素数4のGameObject[]型を新規作成し、パブリック設定でGameObject[]型で作成した変数prefabsに入れろ。

8　戻り値なし、引数なしで「Update」という名前のメソッドを作成せよ {

Shooter.csを上書き保存して、Unityエディタに切り替えてください。[Inspector] ウィンドウに [Prefabs] というパブリック変数が追加されています。配列なので、▶をクリックすると要素の設定項目が表示されます。

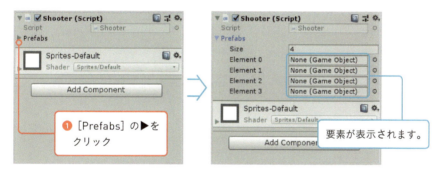

❶ [Prefabs] の▶をクリック

要素が表示されます。

[Project] ウィンドウからプレハブをドラッグ＆ドロップします。

❷ [tomato] をドラッグ＆ドロップ

同じように他のプレハブもドラッグ&ドロップしてください。

4種類のプレハブを設定します。

ドラッグをはじめる前にクリックすると、[Inspector] ウィンドウの内容が切り替わっちゃうから注意してね

マウスボタンの状態をチェックしてインスタンスを作る

次はマウスボタンの状態を調べて、クリックされていたら野菜のインスタンスを作るようにしましょう。マウスボタンの状態はInput（インプット）クラスのGetMouseButtonUp（ゲットマウスボタンアップ）メソッドで調べることができます。引数が0なら左ボタン、1なら右ボタン、2なら中央ボタン（ホイール）の状態を調べ、ボタンを押して放した瞬間だったらtrueを返します。

Updateメソッドの移動処理のあとに追加してください。

■ Shooter.cs

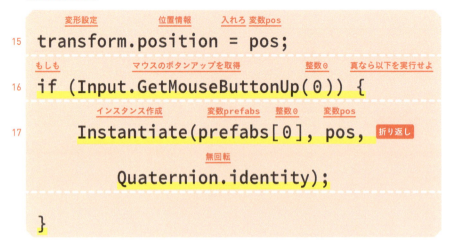

読み下し文

15 **変数pos**を変形設定の位置情報に入れろ。

16 もしも「**整数0**を指定してマウスのボタンアップを取得した結果」が真なら以下を実行せよ｛

17 　**変数prefabs**の**要素0**、**変数pos**、無回転を指定して、インスタンスを作成しろ。
　｝

Instantiate（インスタンシエイト）メソッドはMonoBehaviourクラスから継承したメソッドです。プレハブやゲームオブジェクトを複製する働きを持ちます。このメソッドは3つの引数を取り、第1引数はプレハブ、第2引数は位置情報、第3引数は回転情報を指定します。

ここでは第1引数に配列変数prefabsの要素0、第2引数にShooterの位置が入っている変数posを指定しているので、Shooterの位置にインスタンスが作成されます。

実行してみましょう。画面上をマウスで何回かクリックしてください。クリックするたびにトマトが次々と落下します。

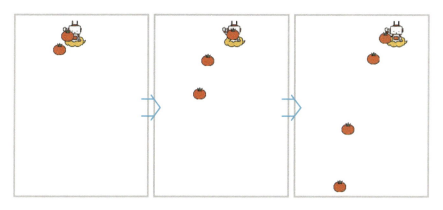

第3引数のQuaternion（クォータニオン）構造体は日本語で「四元数」と呼び、

回転を表すための数学的な情報です。詳しい説明は省きますが、回転させたくない場合は<u>identity（アイデンティティ）プロパティ</u>を使用します。ここではQuaternion.identityに「無回転」というふりがなを振っています。

野菜の種類を順番に切り替える

　次はクリックするたびに野菜の種類を切り替えるようにしましょう。すでに配列があるので、その要素を0、1、2、3……の順に切り替えるようにします。まず、順番を記録するためのフィールド変数curvegeを追加します。curvegeはCurrent Vegetable（現在の野菜）の略です。

■ Shooter.cs

```
5  public class Shooter : MonoBehaviour {

6      float move = 0.05f;

7      public GameObject[] prefabs
         = new GameObject[4];

8      int curvege = 0;
```

読み下し文

5	MonoBehaviourクラスを継承した「Shooter」という名前のパブリック設定のクラスを作成せよ {
6	実数0.05fを、float型で作成した変数moveに入れろ。
7	要素数4のGameObject[]型を新規作成し、パブリック設定でGameObject[]型で作成した変数prefabsに入れろ。
8	整数0を、int型で作成した変数curvegeに入れろ。

　次に変数curvegeを利用してインスタンスを切り替えます。if文のブロック内

を次のように変更します。

■ Shooter.cs

```
17  if (Input.GetMouseButtonUp(0)) {
18      Instantiate(prefabs[curvege], pos,
                Quaternion.identity);
19      curvege++;
20      curvege %= 4;
    }
```

読み下し文

17 もしも「整数0を指定してマウスのボタンアップを取得した結果」が真なら以下を実行せよ {

18 変数prefabsの要素curvege、変数pos、無回転を指定して、インスタンスを作成しろ。

19 変数curvegeを1増やせ。

20 変数curvegeを整数4で割ってその余りを入れろ。

}

　「++（プラス2個）」はChapter 3でも使用したインクリメント演算子です。変数の数値を1増やす演算子ですね。「％（パーセント）」は割った余りを求める剰余演算子なので、1ずつ増える変数に対して「％= 4」と書いた場合、余りの「0～3」が順番に返されます。
　こうして得られた0～3を繰り返す数値を配列のインデックスにして野菜を切り替えます。

NO 08 エラーメッセージを読み解こう④

そういえば位置をいったん変数posに入れて、x座標を増やしてから戻してるじゃないですか？ 変数に入れる必要あるんですか？

お、それはなかなか高度な疑問だね。結論からいうと変数に入れないとエラーになるんだけどね

プロパティが返す構造体の値は直接書き替えられない

次のようにtransform.position.xを直接変更しようとすると、エラーが発生します。実はUnityを使う多くの人が遭遇するエラーです。

■エラーが起きるスクリプト

```
transform.position.x += move;
transform.position.x = 4.0f;
```

Unityエディタの［Console］ウィンドウに表示されるエラーメッセージは次のとおりです。

■エラーメッセージ

1
```
error CS1612: Cannot modify the return
value of 'Transform.position' because it
is not variable
```

エラーコード: CS1612　できない: Cannot　変更する: modify　戻り: return
値: value　の: of　「Transform.position」　だから: because　それ: it
ではない: not　変数: variable

Visual Studio上でマウスポインタを合わせると日本語訳されたエラーメッセージを確認できます。

このエラーが表示される理由はかなりややこしく、構造体（値型）が代入時にコピーされる性質（168ページ参照）や、プロパティの性質が絡み合って発生しています。プロパティが返すものがクラス（参照型）だったら発生しないため、知らないとなかなか気付けません。

このエラーを解決するには、Shooter.csでやったようにいったん変数に入れ、値を変更してから戻します。

なんか納得いかないですね〜。構造体やプロパティの性質が理由だから、transform.position以外でもありうるってことですよね？

そうなんだよね。このエラーメッセージを覚えておいて、遭遇したら変数に入れるように書き直すしかないかな

プロパティの作り方はフィールド変数とまったく違う

プロパティはフィールド変数と同じように使えるので、つい同じもののように錯覚しがちです。しかし、プロパティの作り方は、フィールド変数よりもむしろメソッドの作り方に似ています。プロパティにはgetアクセサとsetアクセサのブロックがあり、それぞれに取得時の処理と設定（代入）時の処理を書きます。

■ プロパティの作成例

```
public string FirstName {          ← プロパティの定義
  get { return firstName; }        ← getアクセサ
  set { firstName = value; }       ← setアクセサ
}
private string firstName;          ← 非公開のフィールド変数
```

class（クラス）とstruct（構造体）の違いは何？

struct（構造体）については「class（クラス）とかなり似たもの」とだけ説明していました。中にフィールド変数やメソッドを持つ点など、ほとんど同じです。両者の違いは、少し難しい話になるのですが、メモリ上での扱いです。C#におけるクラスで作られる型は「参照型」と呼ばれ、変数はデータの実体を参照しています。変数から変数に代入したときなどは参照が渡され、データのコピーは発生しません。そのため、大きく複雑なデータの扱いに向いています。MonoBehaviour型、GameObject型などは参照型です。

構造体で作られる型は「値型」と呼ばれ、変数に代入したときなどにデータのコピーが発生します。小さくシンプルなデータの扱いに向いています。int型、float型、Vector型、Quaternion型などが値型です。

たいていの場合、Unityにすでに用意されているクラスと構造体を使うだけですから、両者の使い分けに悩むことはそうないはずです。

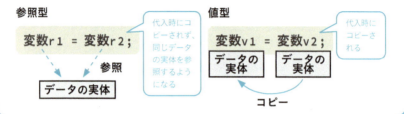

C#にも「インスタンス」がある

Unityのプレハブとインスタンスについて説明しましたが、C#にもインスタンスという用語があります。C#のインスタンスは、クラスや構造体を設計図として、メモリ上に確保された実体を指します。インスタンスを作るために使われるのがnew演算子で、そのあとに「コンストラクタ」という初期化用のメソッドを書きます。次に示すのはVector3型のインスタンスの作成例です。コンストラクタの引数はフィールド変数x、y、zに初期値として設定されます。

```
Vector3 pos2 = new Vector3(2.0f, 4.0f, 0.0f);
```
インスタンスの作成

プログラミング言語の入門書では、クラスとインスタンスをセットで解説するのが一般的です。しかしUnityの場合、コンポーネントとして作成したクラス（MonoBehaviourを継承したクラス）のインスタンスは、Unityのシステムによって自動作成されるため、コラムでの紹介にとどめておきます。

Unity C#
FURIGANA PROGRAMMING

Chapter

ゲームを
仕上げよう

NO 01 ゲームに欠かせない要素とは？

野菜を落とすという基本の動きはできたね。ここからはゲームになくてはならないものを加えていこう

なくてはならないものって何です？ 効果音とかアニメーションとか？

演出も大事だけど、なかったらゲームにならないってわけじゃないよね。もっと大事なものがあるよ

ゲームには「達成感」が必要

Chapter 4で作成した「Shooterが野菜を落とす」ところまででも動きの面白さはありますが、「ゲーム」とはちょっと呼べませんね。ゲームという言葉には「勝ち負けを競う」という意味があり、成功と失敗がなければゲームとはいえません。パズルゲームのように直接的に競わないゲームもありますから、「達成感」といい換えたほうが幅が広くなりそうです。

そこで、Chapter 5では画面の下に野菜を入れる箱を置き、同じ種類の野菜が入ったら数が増えるようにして、達成感を加えます。

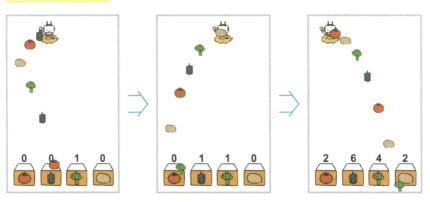

障害物を置いてゲームを難しくする

適度な障害を加えることで達成感を強化しましょう。今回はShooterと箱の間に、回転する壁を置いてみます。壁は野菜を跳ね返すので、箱に入れにくくなります。その障害を乗り越えようとする気持ちが達成感を強くするのです。

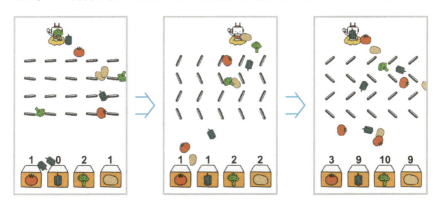

箱と障害物を置いただけなのに、ゲームらしくなりましたね。不思議〜

人間って「成功させよう」と工夫する習性があるんだよね。そこにゲームとしての楽しみが生まれてくるんだ

画面上に文字を表示するときはUnity UIを使う

このゲームでは、画面上に文字を表示するために**Unity UI（ユニティユーアイ）**というものを利用します。UIはUser Interface（ユーザーインターフェース）の略で、ゲームの操作画面を作るための機能です。文字を表示するText、ボタンを表示するButtonの他、Slider、Input Fieldなどのパーツがあります。

Unity UIに用意されているいろいろなパーツ

NO 02 ゴールの箱と得点のテキストを配置する

よしそれじゃ、まずは野菜を入れる箱を置いていこう

箱は4種類いりますよね。プレハブを使うのかな？

そうだね。同じ機能を持つものを複数作りたいときはプレハブの出番だ

箱のゲームオブジェクトを作成する

それでは箱のゲームオブジェクトを作成しましょう。Chapter 4でやったようにSpriteを作成して画像を設定します。

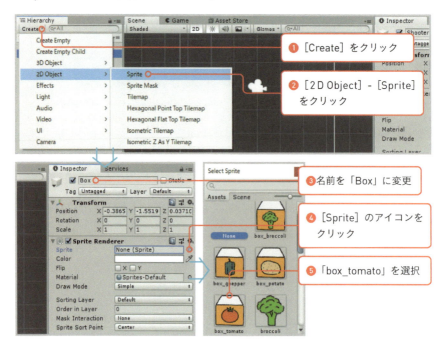

❶ [Create] をクリック

❷ [2D Object] - [Sprite] をクリック

❸ 名前を「Box」に変更

❹ [Sprite] のアイコンをクリック

❺ 「box_tomato」を選択

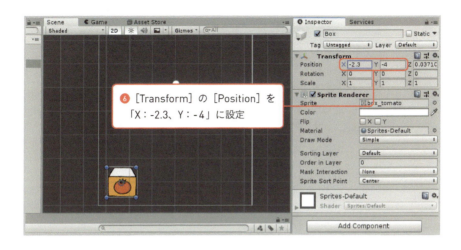

❻ [Transform] の [Position] を
「X：-2.3、Y：-4」に設定

　Boxをプレハブにします。[Hierarchy] ウィンドウから [Project] ウィンドウにドラッグ&ドロップします。

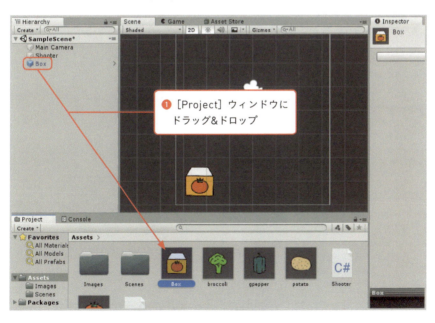

❶ [Project] ウィンドウに
ドラッグ&ドロップ

　残りの3つの箱は [Project] ウィンドウからシーン上にドラッグ&ドロップして配置します。Y座標はすべて「-4」、X座標は左から「-2.3」「-0.75」「0.75」「2.3」としてください。

シーン上の2つ目のインスタンスを選択して画像を変更します。プレハブ側で変更した場合はすべてのインスタンスが変わりますが、インスタンス側で変更した場合は他に影響しません。

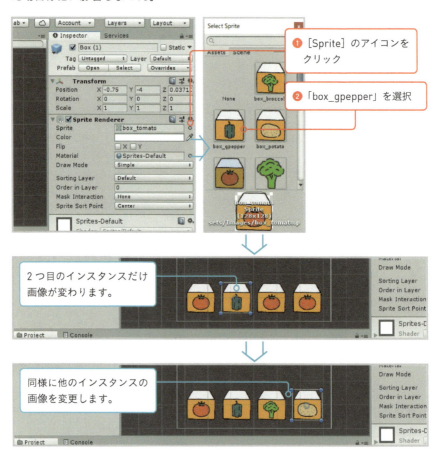

Unity UIのCanvasを配置する

箱に入った数を表示するために、Unity UIのTextを配置します。Unity UIのパーツは、Canvas（キャンバス）の上に配置しなければいけません。そこでまずはCanvasを作成します。

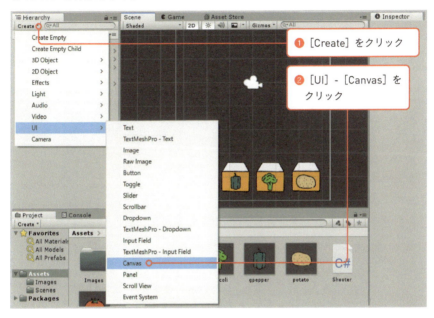

❶ [Create] をクリック

❷ [UI] - [Canvas] をクリック

Canvasを作成すると自動的にEventSystemというゲームオブジェクトも追加されます。これはボタンなどのプレーヤーが操作するUIパーツを制御するためのものです。今回は使用しませんがそのまま残しておいてください。

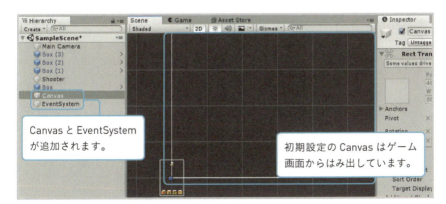

Canvas と EventSystem が追加されます。

初期設定の Canvas はゲーム画面からはみ出しています。

初期設定のCanvasはゲーム画面からはみ出しているので、Canvasの設定を変更して画面に合わせます。

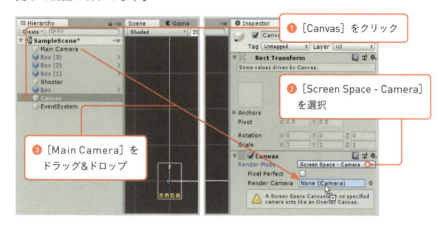

これでCanvasのサイズがカメラの表示範囲に合わせられます。最後にCanvasが他のゲームオブジェクトより手前に表示されるように［Order in Layer］（層の順序）を変更します。数値が大きいほど手前に表示されます。

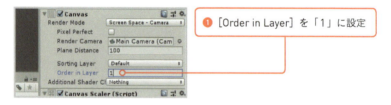

数を表示するためのTextを配置する

Canvasの上にText（テキスト）を配置していきます。

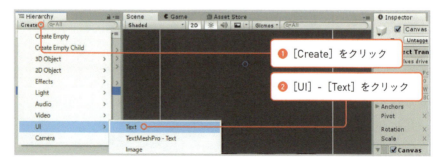

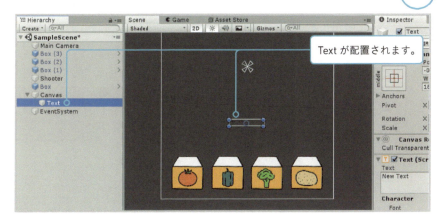

配置されたTextをドラッグしてちょうど箱の上に来るように移動しましょう。Spriteなどのゲームオブジェクトと、Canvas上のUIパーツでは座標の単位が異なります。なのでここは数値を入力するのではなく、ドラッグして位置を合わせてください。

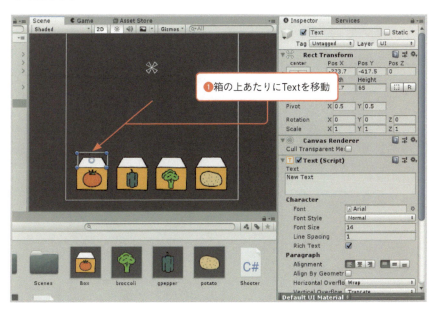

Textが持つTextコンポーネントを使って文字の書式を設定することができます。ここでは文字サイズを大きくして、太字の中央揃えにします。

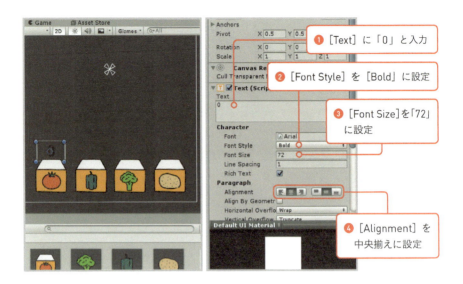

❶ [Text] に「0」と入力
❷ [Font Style] を [Bold] に設定
❸ [Font Size]を「72」に設定
❹ [Alignment] を中央揃えに設定

ゲームオブジェクトを複製する

Textを複製（Duplicate）して3つの箱の上に配置しましょう。ここではUIパーツを複製しますが、Spriteなども同様に複製することができます。

❶ Textを右クリック
❷ [Duplicate] をクリック

同じようにTextを複製し、位置を調整しましょう。

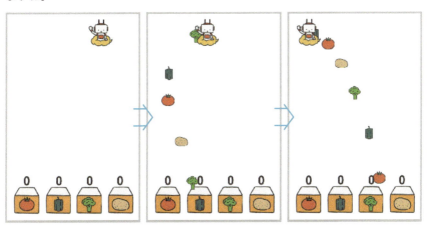

ゲームを実行して確認してみましょう。背景が白色なので文字が見やすくなりますね。

当たり前ですけど、今は同じ種類の野菜が入っても何も起きませんね

NO 03 衝突判定を追加して数を増やす

次は衝突判定をして、同じ種類の野菜と箱が重なったら数が増えるようにしていこう

へぇ、衝突判定っていうんですね

そう。ちなみに英語では衝突のことを「Collide(コライド)」っていうんだ

Collider2Dコンポーネントで衝突判定をする

衝突判定をしたいときは、判定したい両者のオブジェクトにColliderzD（コライダーツーディ）という名前のコンポーネントを追加します。Colliderは「衝突する者」という意味です。今回のゲームでは、落下する野菜とBoxにCollider2Dコンポーネントを追加する必要があります。

まずは野菜のほうに設定しましょう。野菜のベースになっているのはtomatoプレハブなので、これにCollider2Dコンポーネントを追加すれば、すべての野菜のプレハブに反映されます。

[Add Component]をクリックしてコンポーネントを追加します。円形や四角形などの種類があるので、野菜に対しては円形のCircleCollider2D（サークルコライダーツーディ）コンポーネントを追加します。

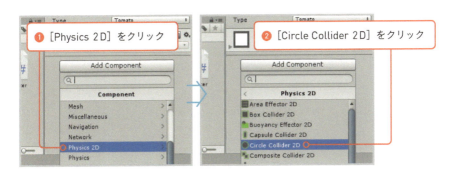

　CircleCollider2Dコンポーネントの［Radius］で判定領域の半径を設定できます。野菜の種類によってサイズが違うので、小さめにして判定領域の違和感が出ないようにします。

　これでtomatoプレハブへの設定は終わりなので、［Scenes］をクリックしてプレハブの編集を終了してください。

BoxプレハブにBoxCollider2Dコンポーネントを設定する

　Boxプレハブにも判定領域を追加します。　箱の入り口に四角形のBoxCollider2D（ボックスコライダーツーディ）コンポーネントを設定しましょう。

❸ [Add Component] をクリックして [Box Collider 2D] をクリック

　箱の入り口に合わせるために、[Offset] で位置を、[Size] で大きさを調整します。

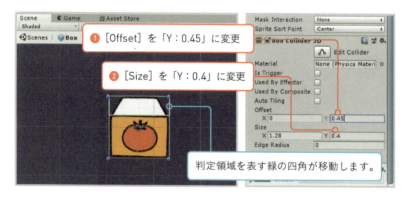

❶ [Offset] を「Y：0.45」に変更
❷ [Size] を「Y：0.4」に変更
判定領域を表す緑の四角が移動します。

　Boxプレハブでは [Is Trigger] にチェックマークを付けてください。チェックマークを付けると、Collider2Dが「トリガー（引き金）モード」になります。トリガーモードでは衝突したことを判定しますが、上に乗ったり跳ね返ったりせず、そのまま通過します。障害物ではなく、ゲームのゴール地点や、拾えるアイテムなどに設定するものです。

❶ [Is Trigger] にチェックマークを付ける

野菜の種類を表すVegetable.csを追加する

Boxにも野菜の種類を表す情報が必要です。Chapter 4-6で作成したVegetable.csを追加しましょう。

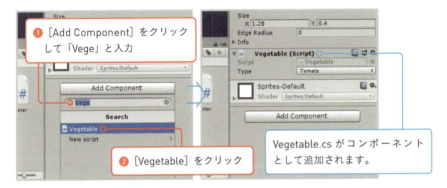

❶ [Add Component] をクリックして「Vege」と入力

❷ [Vegetable] をクリック

Vegetable.cs がコンポーネントとして追加されます。

これでリストから野菜の種類を選べるようになりました。種類の設定は190ページで行うので、引き続きプレハブを編集していきます。

> コンポーネントが増えてくると[Inspector]ウィンドウに表示しきれなくなってくる。コンポーネント名の左に表示されている▼をクリックして折りたたむといいぞ

野菜とBoxの衝突判定のスクリプトを書く

Box.csというスクリプトを追加し、同じ種類の野菜が衝突したら、Textの数を増やすようにしましょう。

UIパーツのためのクラスは、<u>UnityEngine.UI名前空間</u>(33ページ参照)に所属しています。そこで、usingディレクティブを追加してUnityEngine.UI.Textという長い名前を書かなくてもいいようにします。

❶Box.csを作成

そして、UIパーツのTextを入れるためのパブリック変数scoretextと、箱に入った数を記憶しておくためのフィールド変数scoreを作成します。scoretextは、どのTextに数を表示すればいいかをBox.csに伝えるために使います。

■ Box.cs

```csharp
1  using System.Collections;
2  using System.Collections.Generic;
3  using UnityEngine;
4  using UnityEngine.UI;
5
6  public class Box : MonoBehaviour {
7      public Text scoretext;
8      int score = 0;
```

読み下し文

1	System.Collections名前空間を使用する
2	System.Collections.Generic名前空間を使用する
3	UnityEngine名前空間を使用する
4	UnityEngine.UI名前空間を使用する
5	
6	MonoBehaviourクラスを継承した「Box」という名前のパブリック設定のクラスを作成せよ {
7	パブリック設定でText型の変数scoretextを作成しろ。
8	整数0を、int型で作成した変数scoreに入れろ。

続いてBoxクラスのブロックの中に、OnTriggerEnter2D（オントリガーエーンターツーディ）メソッドを書いていきます。このメソッドはトリガーモードのゲームオブジェクトに何かが衝突したときに呼び出されます。メソッド名や戻り値・引数の型を間違えると呼び出されないので注意してください。

■Box.cs

```
void OnTriggerEnter2D(Collider2D other) {
    Vegetable.Type typeA =
        GetComponent<Vegetable>().type;
    Vegetable.Type typeB = other.
        GetComponent<Vegetable>().type;
    if (typeA == typeB) {
        score++;
        scoretext.text =
            score.ToString();
        Destroy(other.gameObject);
    }
}
```

読み下し文

9 戻り値なしで、Collider2D型の引数otherを受け取る「OnTriggerEnter2D」という名前のメソッドを作成せよ {

10 Vegetable型のコンポーネントを取得し、そのパブリック変数typeの内容を、Vegetable.Type型の変数typeAに入れろ。

11 引数otherからVegetable型のコンポーネントを取得し、そのパブリック変数typeの内容を、Vegetable.Type型の変数typeBに入れろ。

12 もしも「変数typeAと変数typeBが等しい」が真なら以下を実行せよ {

13 変数scoreを1増やせ。

14 変数scoreを文字列に変換した結果を、変数scoretextのテキストに入れろ。

15 引数otherのゲームオブジェクトを削除しろ。

　　}

}

> 各部の意味がわかればやっていることはそんなに難しくないよ。少しずつ順番に見ていこう。

　まずOnTriggerEnter2Dメソッドを作る部分から見ていきましょう。このメソッドはBoxに何かが衝突したときにUnityから自動的に呼び出されます。衝突した相手の情報がCollider2D型の引数otherに入ります。

読み下し文

9 戻り値なしで、Collider2D型の引数otherを受け取る「OnTriggerEnter2D」という名前のメソッドを作成せよ {

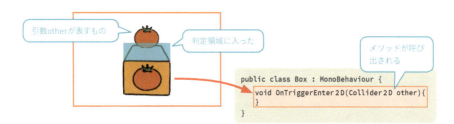

野菜にはCircleCollider2D、BoxにはBoxCollider2Dを設定してますよね。でも引数はCollider2D型でいいんですか？

Collider2D型で両者に共通した情報を取得できるんだ

衝突時に呼び出されるメソッドは、「トリガーモードか否か」「判定領域に入ったとき」「判定領域に入っている間」「判定領域から出たとき」といった条件別に数種類あります。

メソッド	呼び出されるタイミング
OnCollisionEnter2D	Colliderが別のオブジェクトのColliderと衝突したとき
OnCollisionExit2D	Colliderと別のオブジェクトのColliderが衝突から離れた瞬間
OnCollisionStay2D	Colliderと別のオブジェクトのColliderが衝突している間、毎フレーム呼び出される
OnTriggerEnter2D	トリガーモードのColliderが別のオブジェクトのColliderと衝突したとき
OnTriggerExit2D	トリガーモードのColliderと別のオブジェクトのColliderが衝突から離れた瞬間
OnTriggerStay2D	トリガーモードのColliderと別のオブジェクトのColliderが衝突している間、毎フレーム呼び出される

GetComponentメソッドでコンポーネントを取得する

何かと衝突したことがわかり、その相手の情報も手に入りました。次は両方の野菜の種類をチェックします。野菜の種類を記録するためにVegetableクラスを作り、それらをコンポーネントとして野菜とBoxの両方に追加しています。ですからそれを取り出せばいいわけです。読み下し文を見返してみましょう。

読み下し文

10　Vegetable型のコンポーネントを取得し、そのパブリック変数typeの内容を、Vegetable.Type型の変数typeAに入れろ。

Transformコンポーネントはtransformプロパティで取得できましたが、それ以外のコンポーネントを取得したいときはGetComponent（ゲットコンポーネ

ント）メソッドを使います。これもMonoBehaviourクラスから継承したものです。このメソッドはジェネリックメソッドという少し特殊なもので、メソッド名のあとの<>の間に取得したいコンポーネントの型を書きます。

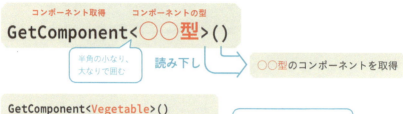

```
GetComponent<Vegetable>()
GetComponent<SpriteRenderer>()
GetComponent<BoxCollider 2 D>()
```

取り出したいコンポーネントの型を<>の間に書く

何か<>と()で引数を２回指定しているみたいで変な感じですね

<○○型>の部分は「ジェネリック型パラメータ」と呼ぶんだ。まぁちょっとややこしいので、「GetComponent<○○型>」って書くんだって覚えればいいよ

　GetComponentメソッドによって取得したVegetable型のコンポーネントには、パブリック変数typeがあります。これを変数typeAに入れます。typeの型はVegetableクラス内で作成したType列挙型なので（157ページ参照）、Vegetable.Type型となります。それが10行目です。

10 `Vegetable.Type typeA = GetComponent<Vegetable>().type;`

　続いて衝突した相手の野菜の種類を取得します。衝突した相手の情報はCollider 2 D型の引数otherに入っており、Collider 2 D型もGetComponentメソッドを持っています。ですから、同じようにパブリック変数typeの情報を取り出して変数typeBに入れます。それが11行目です。

11 `Vegetable.Type typeB = other.GetComponent<Vegetable>().type;`

違いは「other.」が付いていることだけでしょ

ですね……。なのに難しく感じるのは「.（ドット）」でいくつもつながっているせいでしょうか？

「.（ドット）」は「所属する」という意味があるので、そこに注意して読むといいかもしれないね

```
class Vegetable{
    enum Type{
    ……
    }
    Type type;
}
```

`Vegetable.Type` ← Vegetableクラスに所属するType列挙型

`other.GetComponent<Vegetable>().type`
- Collider2Dクラスに所属するGetComponentメソッド
- Vegetableクラスに所属するパブリック変数type

　ちなみに、GetComponentメソッドで取得しようとしたコンポーネントをゲームオブジェクトが持っていない場合、インスタンスが存在しないことを表す「null（ヌル）」という値が返されます。

数を増やしてBoxに入った野菜を削除する

　typeAとtypeBが等しければ、Boxの中に同じ種類の野菜が入ったことになります。そこでフィールド変数scoreを1増やし、それを関連するTextに表示します。scoreを1増やすのは++演算子を使うだけなので難しくないですね。
　<u>Textに何かを表示したい場合は、textプロパティに文字列を入れます</u>。scoreはint型なので、ToString（トゥーストリング）メソッドを使ってstring型に変換してから入れます。

```
13  score++;
14  scoretext.text = score.ToString();
```

Chapter 1で「"" + 110」って書いてstring型に変換してませんでしたっけ？

よく覚えてたね。ToStringメソッドでも文字列に変換できるんだ

　Boxに入った野菜のゲームオブジェクトはもう不要なので削除しましょう。ゲームオブジェクトを削除するには、MonoBehaviourクラスから継承している<u>Destroy（デストロイ）メソッド</u>を使います。DestroyメソッドにはGameObject型の引数を指定しますが、今あるのはCollider2D型の引数otherです。そこでCollider2D型が持つ<u>gameObjectプロパティでGameObjectを取得します</u>。

15　`Destroy(other.gameObject);`

「gameObject」と「GameObject」は違うものなんですか？

違うから気を付けてね。C#では一般的に、クラス（型）やメソッドには先頭大文字の名前を付け、変数やプロパティには先頭小文字の名前を付けるんだ

　これでBoxプレハブの設定は終わったので、［Scenes］をクリックしてプレハブの編集を終了します。

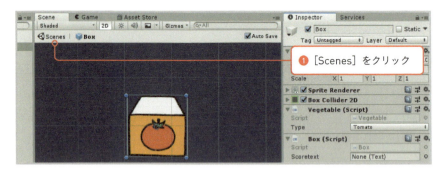

❶ ［Scenes］をクリック

野菜の種類と関連するTextを指定する

　Boxのインスタンスは4つあるので、それぞれがどの野菜を表すのか、数をどのTextに表示するのかを設定して行きます。

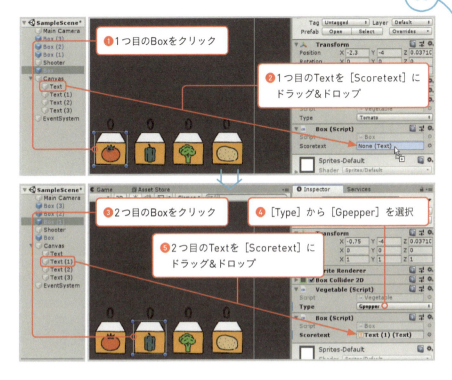

残りの2つも同じように設定していきます。この設定を間違えると正しく動かないので注意してください。

設定できたらゲームを実行して確認してみましょう。

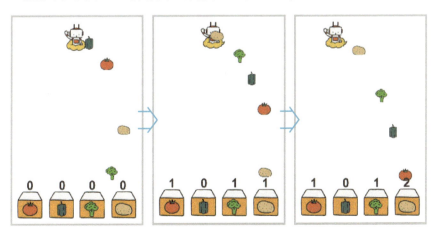

NO 04　壁を規則正しく配置する

そろそろこのゲームも完成ですね！　名残惜しい

そのとおりだけど、ぜんぜん名残惜しそうじゃないね。
障害物となる回転する壁を作ればほとんど完成だよ

「壁」のプレハブを作成する

ShooterとBoxの間に、<u>5列4行の20個の壁を配置します</u>。複数のゲームオブジェクトを配置したいので、まずはプレハブを作成しましょう。

壁用のSpriteを作成し、画像を設定します。壁は野菜と当たったときに跳ね返るようにしたいので、BoxCollider2Dコンポーネントを追加します。

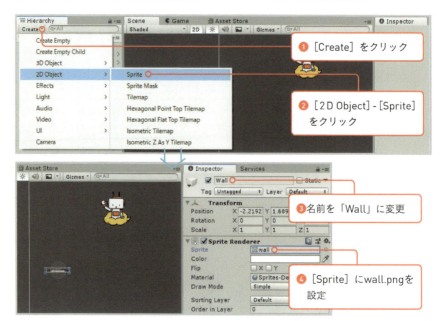

❶ [Create] をクリック

❷ [2D Object] - [Sprite] をクリック

❸ 名前を「Wall」に変更

❹ [Sprite] にwall.pngを設定

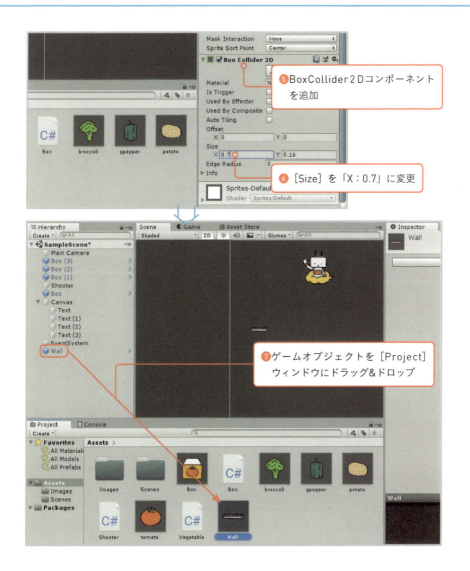

プレハブを作成したらシーン上にあるWallゲームオブジェクトは不要なので、削除しておいてください。

スクリプトを使って壁を配置する

Wallプレハブのインスタンスを5列4行の20個配置しますが、こういう機械的な作業は人間がやるべきではないですね。スクリプトにやらせましょう。空のゲ

ームオブジェクトを作成し、Manager.csを追加します。

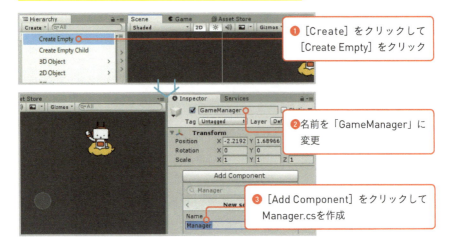

❶ [Create] をクリックして [Create Empty] をクリック

❷ 名前を「GameManager」に変更

❸ [Add Component] をクリックしてManager.csを作成

Manager.csにはGameObject型のパブリック変数wallpfbを用意します。これはWallプレハブをスクリプトに渡すためのものです。

■ Manager.cs

```
5   public class Manager : MonoBehaviour{
6       public GameObject wallpfb;
7       void Start () {

        }
    }
```

5行目: パブリック設定 クラス作成 Managerという名前 継承 MonoBehaviourクラス
6行目: パブリック設定 GameObject型 変数wallpfb
7行目: 戻り値なし Startという名前 引数なし
ブロック終了
ブロック終了

読み下し文

5　MonoBehaviourクラスを継承した「Manager」という名前のパブリック設定のクラスを作成せよ {

6　　パブリック設定で、GameObject型の変数wallpfbを作成しろ。

7　戻り値なし、引数なしで「Start」という名前のメソッドを作成せよ {

　　}

}

ゲーム開始時に壁を配置したいので、Startメソッドの中にそのための処理を書きます。

■ Manager.cs

```
 7  void Start () {
 8      for (int x = 0; x < 5; x++) {
 9          for (int y = 0; y < 4; y++) {
10              Vector3 pos = new Vector3();
11              pos.x = x * 1.2f - 2.4f;
12              pos.y = 2.5f - y;
13              Instantiate(wallpfb, pos,
                    Quaternion.identity);
            }
        }
    }
```

行×列の形でゲームオブジェクトを配置していくスクリプトは、Chapter 3で説明した九九のスクリプトが参考になります。

読み下し文

7 戻り値なし、引数なしで「Start」という名前のメソッドを作成せよ {

8 　変数xを整数0で初期化し、継続条件「変数xが整数5より小さい」が真の間、以下を繰り返せ

9 　{　変数yを整数0で初期化し、継続条件「変数yが整数4より小さい」が真の間、以下を繰り返せ {

10 　　Vector3型のインスタンスを新規作成し、Vector3型で作成した変数posに入れろ。

11 　　変数xに実数1.2fを掛けた結果から実数2.4fを引いた結果を、変数posのx座標に入れろ。

12 　　実数2.5fから変数yを引いた結果を、変数posのy座標に入れろ。

13 　　変数wallpfb、変数pos、無回転を指定して、インスタンスを作成しろ。

　　} 変数yを1増やす。

　} 変数xを1増やす。

　}

計算式の意味はわかりますか？　そう、for文によって変化するx、yの値をうまく利用して、Wallの位置座標として使っているのですね。この計算結果をVector3型に設定するために、10行目でデフォルト設定（x、y、zがすべて0）のVector3型インスタンスを作成しています（168ページ参照）。

C#のインスタンスとUnityのインスタンスとは違うものなんですか？

違うものだけど、考え方は似ている。C#のインスタンスは、クラスからメモリ空間上に作られた実体を指すんだ

> Unityのインスタンスは、プレハブからシーン上に作られたものだから確かに似てますね

実行する前に、パブリック変数wallpfbにWallプレハブを設定しておきます。

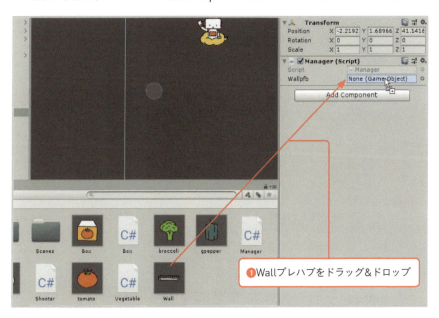

❶Wallプレハブをドラッグ&ドロップ

それでは実行してみましょう。正しく入力されていれば、Wallプレハブのインスタンスが5列4行で並びます。WallプレハブにはBoxCollision2Dコンポーネントを設定しているため、野菜はその上に乗ってしまいます。

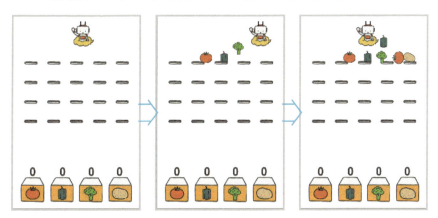

NO 05　壁を回転させる

壁を作ったら野菜が1つも落ちなくなってしまいましたね。これじゃゲームになりません

それじゃ壁を回転させて、野菜が落ちるときと落ちないときが来るようにしてみよう

スクリプトを使ってWallを回転させる

Wallプレハブに対して、Wall.csというスクリプトを追加します。

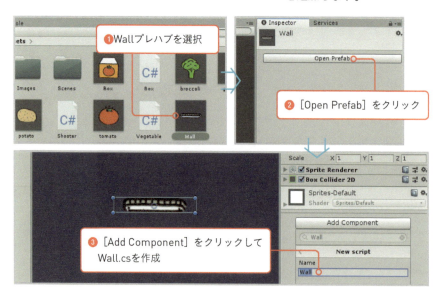

　Wall.csを開き、次のスクリプトを入力します。ゲームオブジェクトの回転とは、ゲームの実行中に徐々に角度を変えていくことなので、定期的に呼び出されるUpdateメソッド内に処理を書きます。

■ Wall.cs

```
public class Wall : MonoBehaviour {
    void Update() {
        transform.Rotate(
            new Vector3(0, 0, -5));
    }
}
```

パブリック設定 / クラス作成 / Wallという名前 / 継承 / MonoBehaviourクラス
戻り値なし / Updateという名前 / 引数なし
変形設定 / 回転しろ / 折り返し
新規作成 / Vector3型 / 整数0 / 整数0 / 整数-5
ブロック終了
ブロック終了

読み下し文

5 MonoBehaviourクラスを継承した「Wall」という名前のパブリック設定のクラスを作成せよ {

6 　戻り値なし、引数なしで「Update」という名前のメソッドを作成せよ {

7 　　整数0、整数0、整数-5を指定してVector3型のインスタンスを新規作成し、それを指定して回転しろ。

　}
}

　ゲームオブジェクトを回転させるには、Transformコンポーネント（クラス）の Rotate（ローテート）メソッド を呼び出します。ゲームオブジェクトのTransformコンポーネントを取得するには、transformプロパティを使うのでしたね。

　Rotateメソッドには、回転させたい角度を指定したVector3型のインスタンスを指定します。Manager.csでVector3型のインスタンスを作成したときはいったん変数に入れていましたが（195ページ参照）、今回はそのままRotateメソッドの引数にしています。インスタンスを使い捨てにする場合は、こういう書き方

もできるのです。

2Dでは通常z軸の回転だけを扱うため、x軸、y軸の角度は0、z軸の角度は-5としています。-5という値はゲームを動かしてちょうどいいものに筆者が決めただけで、特に意味はありません。

実行すると、すべてのWallが同じように回転します。

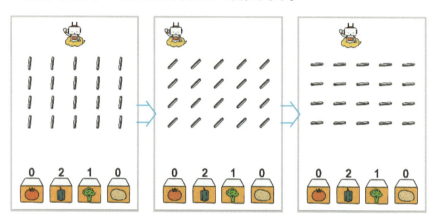

Wallを配置するManager.csは空のゲームオブジェクトに追加したのに、Wallを回転させるWall.csはWallプレハブに追加したのはなぜですか？

Unityでは、基本的に操作対象のゲームオブジェクトにスクリプトを追加する。でも、これから配置するゲームオブジェクトの位置をその内部で決めるのは難しいよね

あー、そうか。外部から「これは2列3行目に表示しろ」と指定したほうが簡単ですね

回転方向を切り替える

z軸に負の角度を指定してRotateメソッドを呼び出すと、ゲームオブジェクトは時計回りに回転します。逆に正の角度を指定すれば反時計回りに回転します。そこで、奇数の行は反時計回り、偶数の行は時計回りになるようにしましょう。

Wall.csを開き、次のように変更しましょう。外部から回転方向を指定するた

めに、clockwise（クロックワイズ）というパブリック変数を追加します。clockwiseは「時計回り」という意味で、trueのときは時計回り、falseのときは反時計回りに回転するようにします。

■ Wall.cs

```
5   public class Wall : MonoBehaviour {
6       public bool clockwise = true;
7       void Update () {
8           if (clockwise) {
9               transform.Rotate(
                    new Vector3(0, 0, -5));
10          } else {
11              transform.Rotate(
                    new Vector3(0, 0, 5));
            }
        }
    }
```

読み下し文

5 MonoBehaviourクラスを継承した「Wall」という名前のパブリック設定のクラスを作成せよ {

6 真偽値trueを、パブリック設定でbool型で作成した変数clockwiseに入れろ。

7	戻り値なし、引数なしで「Update」という名前のメソッドを作成せよ｛
8	もしも変数clockwiseが真なら以下を実行せよ
9	｛ 整数0、整数0、整数-5を指定してVector3型のインスタンスを新規作成し、それを指定して回転しろ。 ｝
10	そうでなければ以下を実行せよ
11	｛ 整数0、整数0、整数5を指定してVector3型のインスタンスを新規作成し、それを指定して回転しろ。 ｝
	｝

Manager.cs（195ページ参照）を開き、Wallのインスタンスを作成するときにパブリック変数clockwiseを設定するようにします。

■ Manager.cs

```
12  pos.y = 2.5f - y;
      変数pos y座標 入れろ 実数2.5f 引く 変数y

13  GameObject obj =
      GameObject型  変数obj 入れろ
          Instantiate(wallpfb, pos,
            インスタンス作成   変数wallpfb  変数pos
              Quaternion.identity);
                   無回転

14  Wall wall = obj.GetComponent<Wall>();
      Wall型 変数wall 入れろ 変数obj  コンポーネント取得  Wall型

15  if (y % 2 == 0) {
      もしも 変数y 剰余 整数2 等しい 整数0 真なら以下を実行せよ

16      wall.clockwise = true;
          変数wall  変数clockwise  入れろ 真偽値true

17  } else {
      そうでなければ以下を実行せよ

18      wall.clockwise = false;
          変数wall  変数clockwise  入れろ 真偽値false
```

	ブロック終了
	`}`

読み下し文

12	実数2.5fから変数yを引いた結果を、変数posのy座標に入れろ。
13	変数wallpfb、変数pos、無回転を指定してインスタンスを作成し、GameObject型の変数objに入れろ。
14	変数objからWall型のコンポーネントを取得し、Wall型の変数wallに入れろ。
15	もしも「変数yを整数2で割った余りが整数0と等しい」が真なら以下を実行せよ
16	{　真偽値trueを、変数wallの変数clockwiseに入れろ。　}
17	そうでなければ以下を実行せよ
18	{　真偽値falseを、変数wallの変数clockwiseに入れろ。　}

　奇数行と偶数行を割り出す方法ですが、剰余演算子の「%」を使い、変数yを2で割った余りが0かそうでないかで判定しています。なお、変数yは0から増えていくので、最初の行は偶数扱いになります。

　実行すると行ごとに方向を変えて回転します。

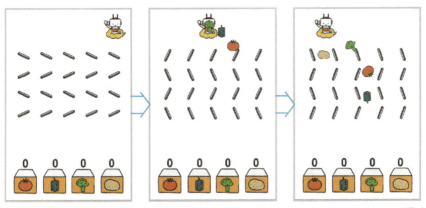

交互に回転すると、動きが面白いですね!

野菜の落ち方もさらに予測しにくくなるね

NO 06 画面から飛び出したオブジェクトを消す

ゲームがようやく完成しましたね！

実はここで完成したことにするとちょっとマズいんだ

えっ、何か問題があるんですか？

削除しないとゲームオブジェクトはどんどん増えていく

　この時点でゲームを実行して、[Hierarchy]ウィンドウに注意しながら野菜を落としてみてください。[Hierarchy]ウィンドウに表示される野菜のゲームオブジェクトがどんどん増えています。箱に入った野菜はDestroyメソッドで削除されますが（190ページ参照）、<u>入らなかった野菜は画面外を落下し続けている</u>のです。

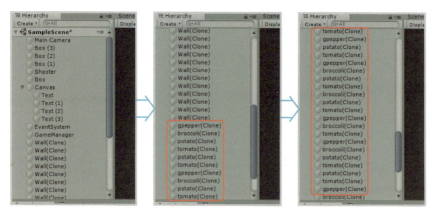

　このゲームをちょっと遊んだぐらいでは問題ありませんが、ゲームオブジェクトがどんどん増え続ければ、いつかはメモリが不足したり、CPUが処理しきれなくなったりする状態に陥ります。ですから、<u>不要になったゲームオブジェクトを削除するしくみ</u>が必要です。

ゲーム画面の「底」を作成する

　画面外に落ちた野菜を衝突判定するために、「底」になるゲームオブジェクトを作成しましょう。このゲームオブジェクトには画像は不要ですが、見やすくするために適当な画像を割り当ててください。

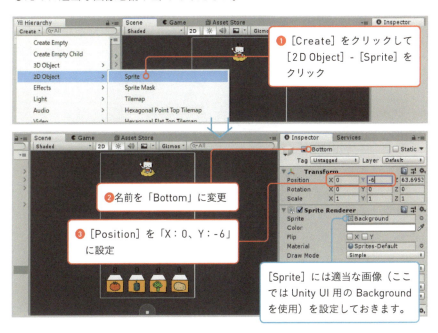

　野菜と衝突判定をするのでBoxCollider2Dコンポーネントを追加し、[Is Trigger]にチェックマークを付けてトリガーモードにします。

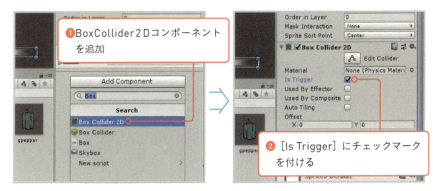

Transformコンポーネントの［Scale］を設定して、横長のゲームオブジェクトにします。

❶［Scale］を「X：100、Y：4」に設定

横長のゲームオブジェクトになります。

衝突したゲームオブジェクトをスクリプトで削除する

　Bottomゲームオブジェクトに「Bottom.cs」というスクリプトを追加しましょう。そして、BottomクラスにOnTriggerEnter2Dメソッドを書きます。StartメソッドやUpdateメソッドは不要なので削除してかまいません。

❶Bottom.csを作成

■ Bottom.cs

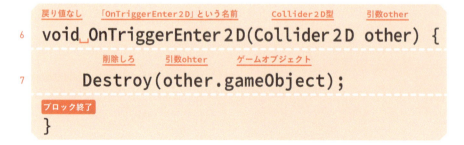

```
void OnTriggerEnter2D(Collider2D other) {
    Destroy(other.gameObject);
}
```

206

読み下し文

6 戻り値なしで、Collider 2 D型の引数otherを受け取る「OnTriggerEnter 2 D」という名前のメソッドを作成せよ {

7 　　引数otherのゲームオブジェクトを削除しろ。

}

　Box.csに書いた衝突判定のスクリプト（185ページ参照）から、野菜の種類を確認する部分をバッサリ削ったようなものです。実行すると、箱に入らなかった野菜も削除されるようになります。ゲーム実行中に［Hierarchy］ウィンドウを見ると、野菜が追加されては消え、追加されては消えていく様子が確認できます。

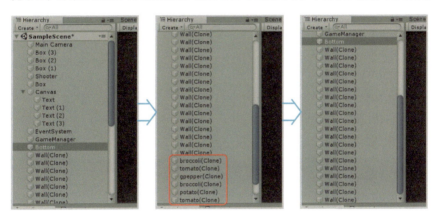

パブリック変数にゲームオブジェクトを設定し忘れると何が起きる？

サンプルのゲームでは、パブリック変数にゲームオブジェクトやプレハブを設定する操作を何度も行いました。これを設定し忘れて初期設定の「None（なし）」のまま実行すると何が起こるのでしょうか？
その場合は変数の中に何も入っていないため、変数に対するメソッドやプロパティの呼び出しがエラーになります。それが「NullReferenceException（ヌルリファレンスエクセプション＝参照先がない例外）」です。とてもよく見かける実行時エラーなので、あわてずに対処しましょう。

NO 07 スクリプトリファレンスの読み方

 今度は自分で考えたゲームを作りたいんですけど、役に立つクラスとかメソッドとかを教えてくださいよ!

 うーん、Unityのメソッドはものすごい数があるからね……。何ページあっても説明しきれないから、最後に自力で調べる方法を教えておこう

Unityスクリプトリファレンスでクラスを調べよう

Unityスクリプトリファレンスは、Unityが公式で公開しているドキュメントのWebサイトです。Unityのすべてのクラス、メソッド、プロパティなどの情報が掲載されています。

https://docs.unity3d.com/ja/2018.3/ScriptReference/index.html

探したいものがわかっている場合は、右上の検索ボックスにクラスやメソッドの名前を入力します。ここでは「MonoBehaviour」を検索してみましょう。

❶ 「MonoBehaviour」と入力して Enter キーを押す

リファレンスの解説は一部日本語訳されていないので、その場合は辞書を片手に頑張って読んでください。

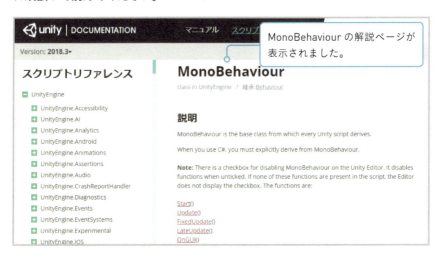

<u>一部の用語は本書の解説やC#のルールと異なります</u>。プロパティは「変数」、メソッドは「関数（かんすう）」と呼ばれています。Static関数、つまり静的メソッドについてはChapter 1で少し説明しましたね（61ページ参照）。

少し前までUnityではC#以外のプログラミング言語も使えたんだ。用語が違うのはその影響もあると思うよ

下にスクロールして見ていきましょう。各メソッドやプロパティの概要がまとめられており、リンクをクリックすると詳しい説明が表示されます。

StartメソッドやUpdateメソッド、OnTriggerEnter2Dメソッドのように、Unityのシステムから呼び出してもらうメソッドは「メッセージ」と呼ばれています。

MonoBehaviourクラスがベースクラスから継承しているものは、「継承メンバー」の部分に書かれています。transformプロパティも継承メンバーの1つです。

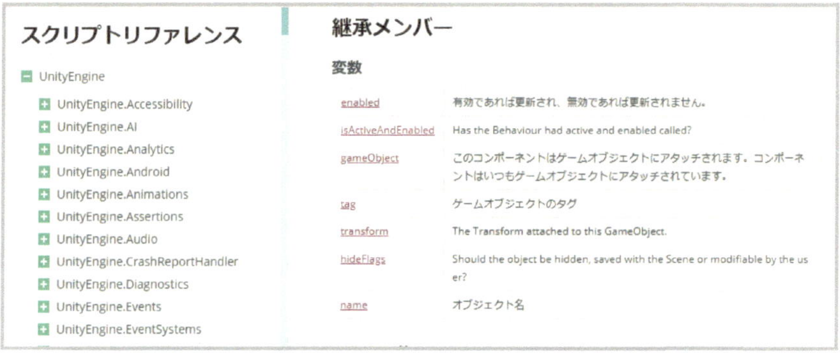

こんなにたくさんあるんですか……。しかも英語もあるから理解できる自信がないです

確かに読むのは大変かも。でもメソッドなら引数と戻り値さえわかればだいたい使えるし、サンプルコードも載っているから助けになると思うよ

そうですね。頑張って読んでみます。自力で調べたことのほうが身に付きそうですし！

Microsoft社のC#ドキュメント

C#でわからないことが出てきたら、マイクロソフト社が公開しているドキュメントも見てみましょう。「.NETドキュメント」の中に「C#のガイド」や「C#言語リファレンス」があります。

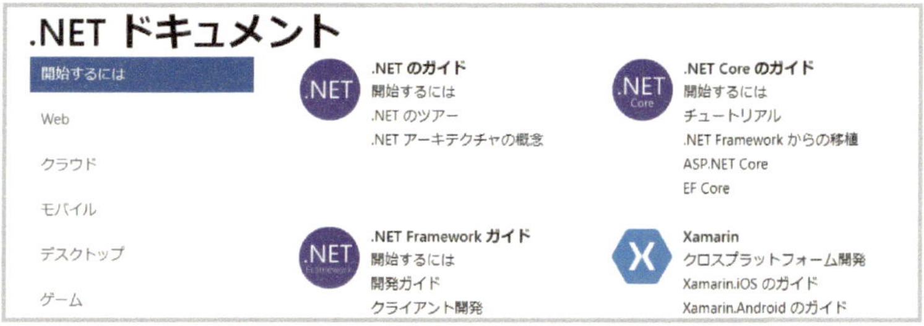

https://docs.microsoft.com/ja-jp/dotnet/index

あとがき

　Unityの面白いところは、C#で作られるのはゲームの一部分だけという点です。C#は十分に高速に動作しますが、一般的にはC++のほうがより高速です。また、ゲームでは基本的に、繰り返し実行される限られた部分が実行時間の大部分を占めます。そのため、Unityで開発したゲームでは、繰り返し実行される主要部分はC++（からコンパイルされるマシン語）で書かれており、C#はそのゲーム固有の処理だけを担当する構造になっています（ですからすでにUnityが用意している処理を、C#で書き直すのはまったくおすすめできません）。131ページや210ページで紹介している「メッセージ」のように、C#の文法ではなくUnity独自のしくみで処理されている部分も少なからずあります。

　このような事情から、一般的なC#の入門書を参考にして勉強すると、Unityでは使えない部分がいろいろと出てきます。そこで本書は、Unityでの使用を前提としたC#の入門書を目指して執筆しました。Unity向けのC#の解説で200ページを越えるものはそうないはずです。

　とはいえ、C#の文法を覚えただけでゲームが作れるようになるわけではありません。「スクリプトの書き方」「Unityエディタの使い方」「ゲームの作り方」は、それぞれまったく別のノウハウです。Unityエディタの使い方やゲームの作り方に重点を置いたUnity入門書はすでに多数刊行されています。それらの書籍のサンプルスクリプトに対して、本書を参考にしてふりがなを振りながら読み進めていただければ、より理解が進むはずです。

　当社が執筆した書籍でも、ゲーム作家のいたのくまんぼう様とコラボレーションした『Unityではじめる C# 基礎編』『Unityの寺子屋 定番スマホゲーム開発入門』（MdN、大槻有一郎名義）があります。脱出ゲーム、物理パズル、放置ゲーム、横スクロールアクションといった人気ジャンルをサンプルにしていますので、あわせてお読みいただけると幸いです。

　最後に監修の安原 祐二様をはじめとして、本書の制作に携わった皆さまに心よりお礼申し上げます。

2018年12月　リブロワークス

索引 | INDEX

記号
"（ダブルクォート）	29
％（パーセント）	165, 203
()（カッコ）	42
-（マイナス）	35, 43
--（マイナス2個）	108
*（アスタリスク）	36
,（カンマ）	59
.（ドット）	60, 145
/（スラッシュ）	36
//（スラッシュ2個）	33
:（コロン）	132
;（セミコロン）	29
[]（角カッコ）	114
_（アンダースコア）	48
{}（波カッコ）	33, 76, 79
+（プラス）	35, 54
++（プラス2個）	105, 165
=（イコール）	44

A・B・C
[Assets] フォルダ	136
bool型	56
BoxCollider2Dコンポーネント	181, 205
break文	109
Canvas	175
CircleCollider2Dコンポーネント	180
class	168
Collider2Dコンポーネント	180
[Console] ウィンドウ	30
continue文	109

D・E・F
Debug.Logメソッド	29
Destroyメソッド	190, 206
double型	46, 56
else if文	84
else文	80
Exception	125
false	69
float型	56 142
foreach文	118

for文	104, 119

G・H・I
GameObject型	160
GetComponentメソッド	187
[Hierarchy] ウィンドウ	24
if文	76
[Inspector] ウィンドウ	25
Input.GetMouseButtonUpメソッド	162
Instantiateメソッド	163
int型	56

M・N
Main Camera	24, 176
Mathf.IsPowerOfTwoメソッド	91
Mathf.Maxメソッド	60
MonoBehaviourクラス	132
new演算子	117
null	189
NullReferenceException	207

O・P・Q
OnTriggerEnter2Dメソッド	185, 206
Order in Layer	176
positionプロパティ	145
[Project] ウィンドウ	27, 136, 153
public	52
Quaternion構造体	163

R・S・T
Rigidbody2Dコンポーネント	148
Rotateメソッド	199
Sprite	139
SpriteRendereコンポーネント	139
Startメソッド	33, 131
string型	45, 56
struct	168
Text	177
ToStringメソッド	189
Transformコンポーネント	141
transformプロパティ	145
true	69

U・V・W
Unity Hub	14

項目	ページ
Unity UI	171
Unityエディタ	24
Unityスクリプトリファレンス	208
Updateメソッド	33, 131
usingディレクティブ	33, 183
Vector3構造体	144
Vector3型	196
Visual Studio	14
while文	100

あ行

項目	ページ
値型	168
暗黙的な変換	65
インクリメント演算子	105, 165
インスタンス	152, 168
インスタンスメソッド	61
インデックス	115
演算子	34
演算子の優先順位	38

か行

項目	ページ
型	45
カメラ	176
空の文字列	95
キャスト	57, 65
組み込み型	56
クラス	33, 132
繰り返し文	98
ゲームオブジェクト	24, 130
計算用演算子	36
継承	132, 152
構造体	168
コメント文	33
コンストラクタ	168
コンポーネント	11, 25, 71, 130

さ行

項目	ページ
参照型	168
シーン	130
実数	37, 46
条件分岐	68
衝突判定	180
スクリプト	22, 25, 71
整数	37
静的メソッド	61
添え字	115

た行・な行

項目	ページ
代入	44
代入演算子	103
多重ループ	110
単項演算子	91
デクリメント演算子	108
トリガーモード	182, 205
名前空間	33, 183

は行

項目	ページ
配列	114, 160
パブリック変数	52, 161
ハンドツール	140
比較演算子	72
引数	58
フィールド変数	143
物理演算	148
負の数	43
プレハブ	152
フローチャート	68
プロジェクト	23, 31
ブロック	33, 76, 79
プロパティ	145, 167
変数	44

ま行

項目	ページ
無限ループ	124
メソッド	33, 58
メッセージ	133, 210
文字列	29
戻り値	58, 131

や行・ら行

項目	ページ
要素	114
予約語	49
ループ	98
例外	125, 207
列挙型	158, 188
連結	55
論理演算子	88

本書サンプルプログラムのダウンロードについて

本書で使用しているサンプルプログラムは下記の本書サポートページからダウンロードできます。zip形式で圧縮しているので、展開してからご利用ください。

●本書サポートページ

https://book.impress.co.jp/books/1118101104

1 上記URLを入力してサポートページを表示
2 ダウンロード をクリック
画面の指示にしたがってファイルをダウンロードしてください。
※Webページのデザインやレイアウトは変更になる場合があります。

STAFF LIST

カバー・本文デザイン
　　　松本 歩（細山田デザイン事務所）
カバー・本文イラスト
　　　加納徳博
DTP　株式会社リブロワークス
　　　関口忠
校正　聚珍社

デザイン制作室　今津幸弘
　　　　　　　　鈴木 薫
制作担当デスク　柏倉真理子

企画　株式会社リブロワークス
編集　大津雄一郎（株式会社リブロワークス）

編集長　柳沼俊宏

■商品に関する問い合わせ先

このたびは弊社商品をご購入いただきありがとうございます。本書の内容などに関するお問い合わせは、下記のURLまたは二次元バーコードにある問い合わせフォームからお送りください。

https://book.impress.co.jp/info/

上記フォームがご利用いただけない場合のメールでの問い合わせ先
info@impress.co.jp

※お問い合わせの際は、書名、ISBN、お名前、お電話番号、メールアドレスに加えて、「該当するページ」と「具体的なご質問内容」「お使いの動作環境」を必ずご明記ください。なお、本書の範囲を超えるご質問にはお答えできないのでご了承ください。

● 電話やFAXでのご質問には対応しておりません。また、封書でのお問い合わせは回答までに日数をいただく場合があります。あらかじめご了承ください。
● インプレスブックスの本書情報ページ https://book.impress.co.jp/books/1118101104 では、本書のサポート情報や正誤表・訂正情報を提供しています。あわせてご確認ください。
● 本書の奥付に記載されている初版発行日から3年が経過した場合、もしくは本書で紹介している製品やサービスについて提供会社によるサポートが終了した場合はご質問にお答えできない場合があります。

■落丁・乱丁本などの問い合わせ
FAX：03-6837-5023
service @ impress.co.jp

※古書店で購入された商品はお取り替えできません。

スラスラ読める Unity(ユニティ) C#(シーシャープ) ふりがなプログラミング

2019年2月1日　　初版発行
2024年12月11日　　第1版第4刷発行

監　修　安原祐二(やすはらゆうじ)
著　者　リブロワークス
発行人　小川 亨
編集人　高橋隆志
発行所　株式会社インプレス
　　　　〒101-0051　東京都千代田区神田神保町一丁目105番地
　　　　ホームページ　https://book.impress.co.jp/
印刷所　株式会社ウイル・コーポレーション

本書は著作権法上の保護を受けています。本書の一部あるいは全部について（ソフトウェア及びプログラムを含む）、株式会社インプレスから文書による許諾を得ずに、いかなる方法においても無断で複写、複製することは禁じられています。

Copyright ©2019 LibroWorks Inc. All rights reserved.
ISBN978-4-295-00557-5 C3055
Printed in Japan